李海峰　思林◆主编

華中科技大學出版社
http://press.hust.edu.cn
中国·武汉

图书在版编目（CIP）数据

改写/李海峰，思林主编. —武汉:华中科技大学出版社,2024. 4

ISBN 978-7-5772-0648-6

Ⅰ. ①改… Ⅱ. ①李… ②思… Ⅲ. ①成功心理-通俗读物

Ⅳ. ①B848. 4-49

中国国家版本馆 CIP 数据核字(2024)第 052146 号

改写
Gaixie

李海峰　思林　主编

策划编辑：沈　柳
责任编辑：田金麟
封面设计：琥珀视觉
责任校对：李　弋
责任监印：朱　玢
出版发行：华中科技大学出版社(中国·武汉)　电话：(027)81321913
武汉市东湖新技术开发区华工科技园　邮编：430223
录　　排：武汉蓝色匠心图文设计有限公司
印　　刷：湖北新华印务有限公司
开　　本：880mm×1230mm　1/32
印　　张：7. 625
字　　数：190 千字
版　　次：2024 年 4 月第 1 版第 1 次印刷
定　　价：50. 00 元

PREFACE
序 言 1 李海峰

很高兴我可以和思林一起做《改写》这本书的主编。

思林是畅销书《文案破局》的作者，这本书是她的独著，里面有450多条可以直接借鉴的文案创意。《文案破局》仅开售三天，就拿了当当网6个榜单的第一。

但作为作者和作为编者，角度和要求还是不同的。这本《改写》是我和思林第二次合作的作品，在我们第一次合作的《真希望你像我一样只取悦自己》里，她是第三主编。这本《改写》，她是组织者、策划者，她和书里的每位作者都非常熟悉。

《改写》这个书名是思林取的。

最开始，我不是特别理解，觉得是否用“书写”等更常见的词更好。读完作者们的故事，我才发现，“改写”才是最合适的。它除了强调我们是自己人生的编剧，还强调主动的态度。改写不代表原来的人生剧本不够好，而是意味着**“我”是有意识地在书写“我”的人生。**

—

在这本书中，每个作者的文章单独成篇。我希望你每读完一篇，就

用自己的语言提炼出文章中的关键点，作为自己思考的切入点。你可以先一天读一篇文章，把全书翻完，然后把自己喜欢的那几篇多读几遍。

我们把每位作者的微信二维码都放在书中，你可以加他们为好友，与他们分享自己的学习心得。这样无论是**知识的获得，还是社交的需求，都有机会得到满足。**

我分享一下我看到的内容，相信你一定可以看到更多信息，请把我的笔记作为开胃小菜。

思林：文案变现导师，无痕成交文案创始人。这本书的作者都尊称她为师父。她的名言是：**"一个好文案，胜过一百个好销售。"**

玥溪：财务工作者，轻医美皮肤管理导师。她分享经验：**改变从认知和行为两个层面展开，获得物质和精神双丰收。**

美央：正念文案创始人。她对成功的理解：**世界不缺完美计划，缺的是坚持；比努力更重要的，是技巧；最好的底牌，是真诚。**

玉探（Alice）：文案写作导师。她分享好的训练营的具体流程是**细节决定成败—善于塑造价值—懂得预设问题。**

杨晓熙：太极养生达人。她付费学习3年，有4点体会：**持续学习，不断深耕；人为事先；主动破圈，跳出舒适区；回首初心，不忘使命。**

潘潘:上市公司财务主管,副业是文案写作教练。她的“吸睛”文案三招:**制造戏剧冲突;主动提供情绪价值;引人深思的“金句”。**

果泥:互联网轻创业导师。她打造训练营有5个黄金密钥:**明确目标客户;制作标准流程;筛选出最需要的人群;用及时体现重视;加强社群的“能量”。**

若弘:全域个人品牌操盘手。他的运营秘诀有3点:**确定个人IP的定位;挖掘客户的主要需求点;针对客户需求,提出解决方案。**

韩韩:资深国际教育咨询顾问。她分享写好产品文案的2个方法:**多用用户思维,持续打造个人IP。**

凯文(Kevin):个人品牌商业顾问,做过美编,做过声音培训。他分享了快速成长的写作训练法:**用一张图写多条文案。掌握该方法,你的文案写作能力会很快提升。**

邓老师:新媒体公司创始人。她分享:**要想改变命运,必须投资自己。想要快速成长,就要找到可以带你学习的师父。**

陈晓娟:女性成长导师。她提到:**铁饭碗不是在一个地方吃一辈子饭,而是一辈子到哪都有饭吃。**

琳达(Linda):资深美食摄影师,文案变现导师。她分享了批量发售课程的3个财富密码:**获得学员信任,做和客户相关的分享,让客户**

无法拒绝。

丹青:个人品牌商业顾问。她分享弯道超车的4个秘诀:内观自己,让努力有价值;靠近想成为的人;厚积薄发;坚持长期主义,引爆更多奇迹。

杨爱成:知名纸媒的平面设计师,点燃内驱力英语学习规划师。文案学习给她的帮助很大,如:突破内心恐惧,改变运动习惯,改善家庭关系。

一舟:心达文案创始人。她有“不下牌桌”的心法:努力“出圈”,持续努力,相信才能得到。

梧桐:500强企业销售经理,读书博主。她分享她的认知:好的文案,是你最好的广告牌。

瑞瑞:资深文案写作导师,互联网连续6年创业者。她的三大智慧锦囊:“道术”兼修,以终为始;用故事吸引客户;深耕专业,在困难中保持初心。

若亭:资深课程顾问。她在学习文案后,有2个最大的收获:开始关心客户真正想要什么,更懂得如何与人交往。

燕香:个人品牌商业顾问。翻转人生,要做对3件事:不要放弃投资自己;永远真诚,脚踏实地;心怀感恩。

张宁宁：10 余年教育机构营销运营负责人。他的成长秘籍：**想要解决什么问题，就去帮助有同样问题的人；聚焦自己的优势并深耕。**

馨然：英语学习规划师。她的商业经验：**做自己的 IP，才能让事业翻盘。**

伟漫：生命能量激发导师。她有 2 个文案写作赛道的创富锦囊：**“死磕”一门技能；做对人，比做对事更重要。**

猫哥：未来青藤亲子记录超级讲师，文案营销运营教练。他制定了“四大狠招学习法”：**定目标；列计划；追过程；拿结果。**

海燕：女性赋能导师。她分享她的改变：**我对未来更笃定，我坚信自己会越来越出色；我是妈妈，我更是我自己。**

恩瑾：禹含形体机构创始人。她说文案营销思维用途广泛：**用来说话，用来经营家庭，用来经营自己，用来经营公司，用来唤醒内在力量。**

如心：全赢人生赋能教练，曾就职于世界 500 强公司。她认为：**商业是成就不是成交。文案营销的背后是用户思维。**

周彦：私域发售操盘手。文字给她带来改变，让她敢于表达，变得自信，扩大了人脉。

水墨：12 年资深实体店从业者。她总结的人生历程：**勇敢选择，加**

上努力，得到收获。

尤媛：朋友圈业绩倍增教练。她的朋友圈文案写作诀窍：**记住你才是自己朋友圈唯一的主角；要利用好从众心理。**

莫桂英：轻创业教练。她有神奇魔力的一条心得：**不要写卖点，多写买点。**

马乡林：文案营销导师，企业管理咨询师。他的3点经验：**文案营销不要局限于方法，要从思维层面进行引导；找到专业人士指导；要舍得投资自己。**

书中的作者，有的是2娃妈妈，有的来自农村，有的40岁了，有的在500强公司工作……**人总会被贴上各种标签，**家庭身份、出生、年龄、经历这些都无法改变，**我们学会接受，而不是被限制。**

书中的作者，有的逆风翻盘，有的坚持到底，有的不屈不挠，有的描绘了人生第二曲线。**我们的人生总有无限可能，**找到最适合自己的老师，掌握最科学的方法，**我们必达心中的目标。**

我有一支笔，有**改运写命**的能力。

你也有。

PREFACE

序言2　思林

一个好文案，胜过一百个好销售。

亲爱的读者，很高兴我们能在这本书中相遇，期待能和你一起坐上这趟改写人生、为梦启航的特快列车。

在开始之前，我先分享一些成果：

(1)学习文案课程后的第1个月，一场社群分享让37位学员报名了价值799元的文案课程；

(2)仅靠朋友圈的文案，多位学员直接报名私董会课程；

(3)1封销售信，在1天时间内让60位学员报名参加了价值25800元的私董会课程；

(4)给学员改的1条文案，带来了47个客户和23个代理人；

(5)给学员改的个人故事，让这篇故事的线上阅读量从10到1个小时内轻松破千；

(6)1本图书上市不到2周，热销8000册，登上当当网、京东网畅销书的榜首；

(7)1本定价7000元的文案内刊，3分钟卖了30本；

(8)分别用1周的时间，写了3本10万字的书稿；

(9)在小红书上输出文案，该账号3个月涨粉16万人；

(10)举办多场线下课，学员遍布海内外。

你好，我是思林，以上这些成绩均出自我本人，但是你绝对想不到，我曾经是一个内向的重度“社恐”，和陌生人说话都会浑身不自在。

我有份朝九晚五的主业，因为“讨好型”人格作祟，所有交给我的工作照单全收。每天起早贪黑，我不仅要努力学会职场的各种生存法则，还要处理好客户和合作伙伴之间的复杂关系。每当晚上下班后，走在灯火通明的大街上，我都有一种深深的无力感，对未来充满了迷茫……

可现在的我，非但成了千人团队长、讲师、畅销书作家、百万文案变现导师、自媒体万粉博主，不再依靠一份死工资度日；更重要的是我已经带领了上百名学员，通过文案改写了自己的命运。我被他们称为“文案天花板”和“报课终结者”！而且你绝对想不到，这些成绩都是由我一个人独立完成的，没有依靠任何团队。那么，这一切我是如何做到的？故事，还得从头开始说起……

40平方米的小房子，没有阻挡我追求梦想的脚步

我出生在一个普通工薪家庭，一家人一直住在一间不到40平方米的小房子里。为了让我在安静的环境中学习，父母常年挤在一张破旧的沙发上休息。以至于现在，他们总会被腰痛折磨，那种钻心的痛真是让人苦不堪言。

父亲因为身体的原因只能常年在家休养，所有生活的重担都落在我的母亲身上。一分钱都要掰成两半花的她，哪怕是只用1元车费的公交车都舍不得坐。在这样的环境下长大，我知道自己没有任何退路，**想要改变命运，读书是唯一的出路！**所以，我玩命地学习，除了睡觉，全部的时间都花在学业上，渐渐地我成了别人眼中的“学霸”，班主任老师曾在我的期末评语上写道：“不管什么时候走进教室，总能看到你在学习，老师特别看好你！”

顺利考上大学以后，我一路高歌猛进，不仅一次就考过了通过率极低的英语高级口译证书的考试，而且法语成绩也是年级第一，各种奖状证书、奖学金更是拿到手软。老师对我赞不绝口，同学投来羡慕的目光。毕业后，我顺利进入一家在世界排名500强内的企业工作，每天出入上海最高档的办公区，拿着一份不错的薪水。在你看起来，这样的我是不是妥妥的人生赢家？

可是我的人生，会一直这样一帆风顺吗？

就在我工作后不久，意想不到的状况发生了。说实话，我自以为自己的学历背景很厉害，自信满满地想在事业上大展拳脚，期待通过自己的努力早日带着家人们过上更好的生活时，却发现没有人脉和背景，只凭学历和几张文凭对我的事业的帮助远远不够。每天重复着同样的工作，一眼就能看到30年后的自己，抱着一份饿不死的工资到老。

还记得那时候我经常失眠，翻来覆去地睡不着。因为这么多年来，我发奋刻苦读书，想要的并不是用重复内容的工作填补我的生活。而且因为连续加班，我完全没有时间陪伴家人。每当下班回到家，看到家人熟睡的脸庞，我总会忍不住偷偷落泪，甚至因为过度加班，让我错失了我的第一个孩子。

在怀孕几个月后，有次我因为连续几天熬夜加班晕倒了，被送进了医院，医生说我被送来得太晚了，孩子已经保不住了。我永远不会忘记那天，自己独自躺在冰冷的手术台上，看着医生拿着仪器朝我走来，我的眼泪止不住地往下流。

也就是从那一刻起，我暗下决心，一定要改变自己！

折腾了4年，终于迎来了属于我自己的奇迹

自从发生了那件事，我一遍遍地告诉自己，眼前这份一眼望到头的工作并不是我想要的。我希望的工作是时间自由、内容自由，还能带给我不一样的生活体验。但是，到哪里找这样的工作呢?

这个难题一度让我迷茫焦虑到抓狂。于是，我报了很多课程，阅读、写作、英语、演讲……每天耳朵里听的不是音乐，永远都是各种付费课程。

刚开始我觉得特别迷茫。直到一个偶然的机会，我加入了某知名大型线上教育平台，成为一名分销班长，开始推广平台的各种课程。当时的我，仅希望通过这份事业证明就算自己是一个天生内向的人也可以干好销售的工作。没想到通过我坚持不懈的努力，奇迹发生了。

我的社群运营能力特别厉害，当时我同时管理500多个社群，服务全网3万多名学员。凭着尽心尽责的服务态度，我曾几次成为平台的销售冠军。也因为成绩特别突出，我被选为分销团队长，开始管理团队。团队人数从刚开始的1个人，慢慢壮大到3000多人。我带着这个团队，一路以来业绩稳居平台第一！平台的校长对我赞赏有加，还专门邀请我做采访!

这时的我看起来真是春风得意，可惜没过多久，意想不到的事又发生了，再一次把我推向谷底……

不经意间的尝试，居然彻底改变了我的人生

本来我以为终于找到了自己喜欢的小事业，并且可以一直做下去，但是好景不长，仅仅1年后，我再次遭遇线上创业的“滑铁卢”。

因为我的团队中大多数成员既没有人脉，也没有影响力。我们只能以纯分销的模式销售课程，很快就遇到难以突破的瓶颈，大家的收入都在断崖式地下降。

我可以依靠自己的工作能力在平台迅速崛起赚到钱，可是一旦离开了平台，我还能为别人提供什么价值呢？而且我也隐隐发现，任何平台和项目都有自己的生命周期。所以这一次，我决定要做一件有终身价值的事。**即使离开平台，我也能带着信任我的人成为更好的自己。**

于是，我鼓足勇气，重新出发，没想到居然再度成功攀上高峰，一次又一次地突破了自己……

刷新，刷新，我要不断创造新的奇迹

当我开始学习文案和个人品牌打造课程后，我仿佛置身新世界的海洋，不断刷新着自己的成绩……

2021 年 2 月至 3 月，我先后付费了 30 多万元，向个人品牌和文案领域最权威的老师学习，同时结合多年的线上副业经验，开始搭建自己的课程体系。

2021 年 6 月，我报名参加了演讲比赛。之前性格内向、和陌生人说话都会脸红的我，居然运用文案思维晋级了全国总决赛，最终获得优胜奖！

2021 年 7 月，我开始尝试直播，从紧张害羞到说话磕磕巴巴到面对镜头侃侃而谈，我在直播中收获了许多陌生观众的好评。我曾经靠一场直播涨粉了近 1000 人。

2021 年 8 月，我升级了原来的文案一对一私教班，隆重推出了“超级文案 IP 年度私董会（弟子班）”，从文案、流量、成交、交付、裂变、发售、个人品牌等多个维度，帮助学员打通了整个商业闭环。让我感到意外的是，课程一推出就有60位学员锁定名额。

2022年4月，我仅用了1周时间就写了1本11万字的书稿，记录自己深耕文案营销以后，给人生带来的巨大改变。

2023年1月，我开启了公域流量赛道，把自己创作文案的经验分享到小红书上，20天就涨粉4000人，成功引流2000人。

2023年4月，我的新书《文案破局》上市发行，首发就登上了当当网6榜第一、京东4榜第一，狂卖8000册，好评一片，热销海内外！

2023年7月，我在小红书平台用一个新的账号又一次刷新了自己的成绩，3个月时间涨粉1.6万人，每天都有源源不断的精准流量向我涌来。

2023年10月至11月，我的第6期文案训练营“发光计划6.0”开课，依旧口碑爆棚，收获无数好评，第4次私董会线下课也在上海举办。而这背后所有的环节，包括招募、运营、讲课、评改作业、学员带教和辅导等等全部由我一个人完成，没有依靠任何团队，真正做到一个人活成一支军队。

我深信，未来自己能用文字的力量继续点亮更多不甘于平凡的生命！

好的文案，可以百倍放大你的自身价值

在互联网时代，短视频和直播似乎已经成为主流，很多人认为文案只有从事广告相关工作的人才需要刻意学习。其实，文案并不是广告人和文案工作者的专利，它和我们每个人的生活息息相关。哪怕摆地摊也要挂个广告牌，你在超市、电梯、电视里看到的所有广告都是文案。

还有各种软文、感谢信、活动海报、产品详情页、视频脚本、直播话术、产品手册、邮件、课程介绍……也都和文案脱不开关系。

对线上创业者来说，文案的作用更加不可忽视。因为网上的所有产品信息，包括文字、图片、声音、视频都是依靠文案来传递，所以不管你是企业老板、创业者、自媒体人、培训讲师、微商……都应该花时间学习文案的相关知识，掌握文案背后的营销思维。具体而言，文案有如下作用。

提升你的销售能力

如果客户想了解你的产品，必然会先看你的产品介绍。所以，与其说你在卖产品，不如说在卖产品的文案。

线上创业的 8 年来，我从来没有主动成交一位学员。我的学员都是被我的文案吸引而来，所以我把这套自己独创的方法，命名为“无痕成交文案法”，这就是文案的魅力。毫不夸张地说，一个好文案，就是你 24 小时的自动销售员。

提升你的沟通能力

通过反复打磨文案，你会发现自己变得善于表达，讲的话更加清晰有力，辩论技巧和谈判技巧也会提高，在职场中更招人喜欢，那么你自然也会获得更高的成就。

原来的我，是一个极度内向的“社恐”。可是学习文案课程以后，我的思维变得更加发散，与陌生人也可以侃侃而谈，无惧一切场合。我甚至被很多人夸赞口才好！

增加你的收入来源

有句话是这么说的，“一个本事学会皮毛，能勉强谋生；学会八分，可养家糊口；学至精髓，方能修身齐家”。**现实生活中，如果你的主业没有太多价值增长的空间，工作之余不愿意花时间改变和提升自己，那么自然就会面临着随时可能被淘汰的危险，而你的收入也很难增长。**

当你学会创作文案以后，写作将成为你的一项赚钱技能。我的很多学员都是通过这项一技之长获得了丰厚的稿酬。一篇文案的稿酬一般在 500～3000 元不等，很多公众号、杂志、App 上都有投稿渠道。

让你的营销思维得到升级

学习文案课程以后，你会拥有更强的同理心，更加懂得换位思考的重要性，了解消费者想什么、需要什么。有了这种对人性的洞察能力，你可以适应一切和人打交道的场合。

而我的学员跟着我学习以后，不仅收入提升了，和周围的人的关系也越来越融洽了。因为懂得换位思考的人自然能够得到更多他人的理解和善意。

更重要的是，你可以过上大部分人都梦寐以求的生活，享受自由的工作方式。不管是豪华的都市、美丽的海岛还是幽静的乡村，你只需要一部手机，就可以在全球任何地方办公。

我的学员来自各行各业，有教育机构的校长、高校教师、国企高管、高级工程师、报社编辑、外企白领，也有实体店负责人、全职宝妈、线上电商团队长等，他们都用文案改写了自己的人生。如果你想了解更多文案写作的具体方法，可以在我的另一本书《文案破局》中找到答案。

一直以来，我坚信商业的本质就是利他。**如果你不能帮到别人，不能为别人提供全方位的价值，那你的事业就无法真正建立起来**。所以，除了教授技能以外，我还会告诉我的学员们无论遇到生活中、工作上的任何烦恼，都可以随时来找我交流。我希望我们之间不仅是师生关系，更是一同奋斗的"后天家人"。本着这样的信念，我见证了无数学员从焦虑迷茫到绽放自信的光芒，从寻找希望到成为别人的灯塔。

在本书中，你会通过一个个鲜活真实的故事，走近 31 个不甘于平凡、为梦想奋力拼搏的灵魂。通过这些故事，我才真正体会到了教育的意义，那就是用生命影响生命！而帮助别人不断成长蜕变，也是这个世界上最有满足感的事！

目录 CONTENTS

改写

学习文案1年后，我彻底推翻了过去26年的自己

■ 玥溪

畅销书作家思林老师嫡传弟子

暖心文案创始人、轻创业导师

轻医美皮肤管理导师

人生最有意思的是你永远可以按下重选键，永远可以重新选择！

你好，我是玥溪！一个 49 岁的职场人，还有 1 年就要退休，享受安逸的退休生活！

人们常说“五十知天命”，50 岁的人经历了人生中太多的起起落落，他们已经明白人生中很多事情并不能按照我们期望的方向发展，顺其自然才是天命所归！但我理解的顺其自然不等同于安于现状，而是**尽人事，提升认知，拓展自己的人生边界，学会顺其自然地生存，成为更好的自己，才是知天命！**

我在去年决定从零开始，跟随思林师父潜心学习文案课程。这一年的学习成长经历彻底推翻了我那个“拿着不错的收入，可以安稳终老”的人生。作为一个财务管理者，我为什么会选择一个全新的领域？听完我的故事，相信你一定会找到答案！

信心满满地开启副业，却无力到想要放弃

创业真的很难吗？

在回答这个问题之前，先给你讲述我的真实经历，希望对你有所启发。

2020 年，46 岁的我，在经过 2 年的品牌考察期后，正式在朋友圈宣布开启副业，成为一个护肤品品牌的代理。在做决定时，我并没有考虑自己一个做了 23 年财务、不懂销售的人，如何能把这项副业做好。当时的我只是凭着一腔热血，傻傻地相信品牌，相信公司。

因为我的皮肤在使用了这个品牌的护肤品后变好了，所以我相信，这个品牌可以帮助更多的女性，却低估了现实可能会面临的

困难。

当我信心满满地准备大干一场时，却根本没什么客人，身边好友也只是为了人情应付一下。对于这份事业，我一筹莫展，不知道该如何进行下去。

思考现状之后，我积极参加公司组织的培训课程，从销售技巧、推销话术到获客引流。上完所有的培训课程后，我鼓足干劲，节假日的时候在热闹的场所摆摊，可销售额还是很低，我又陷入了迷茫。

没有资源，没有背景，没有人脉，普通人创业太难了！但，我就要这样放弃吗?

人人都渴望成功，但成功不是唾手可得的，如果因为一点点困难，我们就放弃，那么我们永远都不会成功了。**除了坚持，成功没有其他的秘诀！**

初识新媒体，走上知识付费的“不归路”

2021 年 7 月，我在公众号看到一位很有名的老师的短视频零基础训练营正在招生，于是果断地报了名。我当时想的是跟着老师学习，应该可以快速地成长起来。可是我即使只拍一条简单的短视频，都要花好几天的时间，即使视频做好了，问题也特别多。于是我在训练营里待了半年。

这样，我有了人生当中第一条真人出镜的短视频，也慢慢地喜欢上了自媒体。虽说我的粉丝数量有增长，但没有达到我的预期。不过这个圈子开阔了我的眼界，我明白了想要增加销售量必须要打造“个人品牌”。可我完全不懂得如何打造“个人品牌”。

因为不会打造个人品牌，我的事业又陷入停滞

当我特别迷茫的时候，我不停地在网上寻找解决问题的办法。当我看到一位老师的年度私教课程可以教会个人打造品牌，布局私域朋友圈时，我又砸下4位数的学费，满怀希望地开始学习。可我学了三个月后，仍然不知道要怎么写朋友圈的文案。

我还是不死心，于是病急乱投医，看到视频说哪个老师好，我就去报哪个老师的课程。听课的时候我好像学会了，可实际操作的时候那些学到的知识一点用处都没有。

就这样我越学越迷茫，我陷入了一种无能为力的绝望中，学费都没赚回来，更别说实现产品的销售量倍增了。

遇见她，让我重新看到了创业的希望

我一直坚信唯有学习才可以改变命运！2022年5月，我在一个学习社群里遇到一位“让我眼前一亮”的人，她就像是一道光，照亮了我前行的路，这让我的事业有了转机！

初识她（我的文案师父思林），正好我是她的班长。当我看到她的自我介绍时，我惊呆了，能遇见如此优秀的人，大概是老天对我的眷顾。我被她吸引不仅仅是因为她的“牛人”身份，更重要的是她的朋友圈文案每一条都有价值，吸引着我一直看。在那年母亲节这一天，她写的一条母亲节文案彻底打动了我！

文字的力量太强大了，于是我决定跟着她学习文案写作。

接下来，思林师父根据我的实际情况，建议我从学习如何写好朋友圈文案开始，然后教我如何布局朋友圈，打造个人品牌，并且帮我一对一修改文案。我开始飞速成长。

（1）我学习文案写作不到一个月的时间，就出师了。我的销售额月月刷新记录。

（2）第一次参加师父的“21 天文案发光计划特训营”后，我又一次突破了自己的极限，日更朋友圈 15 条。有些很久没联系的朋友也主动来找我，请我为她做一套皮肤护理方案，成为我的 VIP 客户。

（3）在师父的推荐下，我参加了一场演讲比赛，还进入了总决赛。站在镜头前侃侃而谈的我看到了自己眼里的光芒。我在参加文案比拼大赛时，还获得了“最佳文案”的荣誉。

（4）在学习文案写作 3 个月后，在师父的推动下，我也有了自己的课程体系，很快招到了自己的学员，开启了我的第一期“21 天文案发光计划训练营”。

短短 6 个月的时间，我华丽转身，成为一名文案老师，这是我以前从没想过的事情。

而这背后，离不开强有力的支持和靠山——我的思林师父。她让我可以勇往直前，不断地突破自己，离自己心目中理想的生活越来越近。

成为文案写作课的老师，获得前所未有的成就感

在我的“21 天文案发光计划训练营”中有创业多年的成功女性，还有学校的老师。她们被我的文案吸引。继而来跟我学习，这让我更

加确定学习文案写作这条路，我要坚持走下去！

在训练营，我给学员上课，并与他们分享好的文案，帮助他们修改文案。每次收到学员发到微信群里的文案，我都会第一时间点评，并逐字逐句修改。每次修改完，学员们都惊呼："改完以后，完全就不一样了！"我的一个从零基础开始学习的学员，在学习文案写作一个月后，达到了销售目标，拿到公司的奖励。

文案写作给了我这样毫无背景的普通人一个逆袭的机会！

时光飞逝，回看跟随师父深耕文案写作的这一年，这期间我学习到的东西彻底推翻了我这个职场人的认知。我一直很羡慕做销售的老公，因为"发展无上限"，却苦于自己内向、不擅交际的性格，一度认为自己不适合做销售工作。可学习了文案写作以后，仅靠朋友圈文案布局，我就实现了"无痕成交"。而学习文案写作的过程打破了我身上的很多束缚，让我可以勇敢地重新选择真正适合自己的事业，看到更广阔的世界！

拥有想要改变的勇气，你的未来才有更多的可能。当你不断努力地挣脱束缚，不断地发现和放大自己身上的优点时，你会找到自己的使命和天赋！

想都是问题，做才会有答案！

如果你想拥有完全不同的人生，就必须改变自己，那么具体该怎么做呢？

认知层面

有句话讲得没错，"你永远赚不到自己认知以外的钱"。任何时候，提升自己的认知都是稳赚不赔的买卖，也只有突破自己的认知，人才会真正地成长。

我是从一个零基础的文案“小白”走过来的。这一年来，跟随师父深耕文案，从每天发 1 条到 3 条、5 条，再到后来的 15 条，我积累了丰富的写文案实战经验，也刷新了我对于文案的认知。

文案不仅仅只是文字本身，它是以文案为抓手的一整套营销体系。掌握了这样的体系，不论你销售什么产品，只要把你的朋友圈打造好，任何产品都会有销量。

行为层面

突破了自己有限的认知，你才会懂得应该把你的时间花在哪里，才会在行动上有更明确的目标。因为没有认知的改变，就没有行为的改变！

原来觉得迷茫和焦虑的自己，一下子找到了未来的方向，每一天我都觉得“今天的我优于昨天的我”，行动更加有目标。

物质、精神双重丰收

利用文案写作技能，我获得了物质财富、夸赞、认同、荣誉。

我真正体会到，文案高手走到哪里，都是倍受他人喜欢和关注的对象，我更加坚定了我在文案领域深耕下去的决心，让我在人生的下半场，获得物质、精神双重丰收！

听从内心的声音，做自己热爱的事

2023 年 12 月，马上就是我 49 岁的生日了，人生的下半场才刚刚开始。对于未来，我有了更多的规划，例如：

我可以是养生类博主，用我 8 年的养生经验，给更多女性带来关于调养身体的心得；

我可以是护肤类博主，用我 20 年的护肤经验，帮助皮肤有问题的女性解决烦恼；

我还可以是创业成长类博主，用我 3 年的成长经历，给在创业路上的女性更多的力量和温暖；

我更是一位文案写作导师，用文案点亮你的人生！

我坚信，好的文案能给人力量，重塑人的思维，改变人、影响人，让所有人都能成为更好的自己！希望你也跟我一样，能幸运地遇到你的贵人，创造属于你自己的精彩人生，祝你梦想成真！

我坚信，好的文案能给人力量，重塑人的思维，改变人、影响人，让所有人都能成为更好的自己！

改写

从零开始学习文案，我只用了短短20天就有了收入

■ 美央

畅销书作家思林老师嫡传弟子

正念文案创始人

千人营销团队培训讲师、千万级销冠团队主管

如果你停止不动，就是谷底。如果你还在继续，就是上坡。这是我听过，关于人生低谷最好的阐述。

你还记得，自己刚刚进入职场时，踌躇满志的状态吗？在职场摸爬滚打了10多年后，如今的工作状态，你还满意吗？你已经非常努力地表现自己的能力了，但是，升职加薪的机会轮到你了吗？到了上有老、下有小的年纪，你已经失去了说走就走的勇气。你甘心就这样工作下去吗？

在职场持续努力的我，拥有7年营销培训经验、3年团队管理经验，为100位身家百万级的客户做过资产配置，曾带领团队实现了年度业绩2000万。可是，我如今走到了人生的分岔路口。

当我处在最困难的时候，我遇到了一个温暖又有能量的女人，没错，就是我的思林师父！在我最渴望改变的时候遇见了她，我的人生重新有了方向，收入也呈直线上升，成了别人眼中的逆袭女神！

我相信，有些遇见是命运的安排，是命中注定的！

当你过于天真时，生活就会给你好好上一课

我是一个超级爱美的“80后”，也是两个孩子的妈妈。我在2013年毕业回国后，选择留在家乡陪伴父母，也顺利进入了一家外企公司。拥有美国大学的学历背景，我以为我的事业会一路绿灯，没想到从入职的第一天开始，我就到了一个完全陌生的领域，工作内容与我在大学校园里学到的完全不同。

入职一个星期后，同事把特别烦琐的工作都交给了我，因为不够熟练，我每天都要加班到晚上八九点，总是最后一个离开公司，可是，我的月薪只有2800元。我开始尝试将微商作为我的副业，让自

如果你停止不前，就是谷底。如果你还在继续，就是上坡。

己多一个增加收入的渠道。就这样，我上班认认真真工作，下班后学习微商的相关知识。

连续 3 年的时间，我都重复着同样的工作。即使怀着二宝时，孕吐让我瘦了 10 斤，我也没请过一天假，就是为了让领导看见我的努力。

在生下二宝后，我请了产假，领导很不满意，因为我要休息 100 多天！看到了职场的残酷，因此在休产假的五个月里，我去学了自己感兴趣的烘焙课程，开启了我的又一副业。

在连续 6 年的时间里，我的副业收入一直都很高。直到微商渐渐被电商平台取代，我的收入直线下滑，原本 70 人的代理团队，人数也在不断地减少。

真的强者是含着泪却依然在奔跑的人

从 2019 年开始，我接触了知识付费领域，希望能通过提升自己让自己的主副业都有突破。

我前前后后花了近 10 万元学习心理学和国学，我所有的假期都在学习的路上。

我始终保持着对知识的渴望，也迎来了工作上的转机，公司正在筹备开分公司，需要有经验的人一起过去打江山，筹备组直接向我抛出了橄榄枝！

我没有想太多，因为这样的机会太难得了，于是爽快答应了！当时领导给的承诺是给我一个部门管理的岗位，我也充满信心地朝着这个方向努力。

那时候的我，每个月都是半个月在培训班、半个月在做巡回培训，几乎没有休息的时间。因为我很珍惜这个岗位，生怕自己做不好，错失机会。

可是命运真的很爱跟我开玩笑，进入新公司满2年之后，本以为我能顺利晋升。没想到，忽然空降了一个人，直接占了我的目标职位！

这世间万事岂能如意？不想被命运拿捏，唯有突破自己

在我失去了晋升机会后，整整2个月的时间我一直在反思，我回想着自己在这2年时间里的付出，结果换来一无所有。直到领导把我换到业务部门考验我的业务能力，我开始了长达2年时间的背井离乡。

从每天坐在办公室里敲键盘，转换到参加各种饭局、与各式各样的人打交道、没有固定的上下班时间。我的身体逐渐吃不消这种工作节奏，整个人瘦了十几斤。但我仍然期待着，我的收入会因为业绩贡献有直线上升的可能。

事实证明我又一次太天真了，收到年终绩效的那一刻，我的心像掉入冰窖一样寒冷。我拿健康去换的收入仅仅是别人的零头！

痛则思变，我开始继续寻找出路。

一无所知的世界，走下去才会有惊喜

不甘心接受当下的人生，就要主动踏出去寻找属于自己的舞台。可能你和我一样，在考虑副业的时候，就会去网络平台上找机会，想

做一个自由的自媒体人。

我在网络平台上，添加了好几个自媒体“大咖”，但是他们都没有通过我的好友申请，只有思林师父很快通过了我的好友申请！那一瞬间，我对她的好感度一下子增加了，我相信一个回信息很快速的人会带给我足够的安全感。

当时我并不太了解文案领域，就报了她的“梦想加油站”课程。可是我只听了一节课后，就决定报她的私教课了！

印象最深的是，刚学文案写作一周后，师父就让我成为文案教练。于是，我思考了足足 3 天时间，决定打造正念文案体系，带领更多人因为文案写作走向更光明的道路。

在接下来的半个月里，我用师父教我的无痕成交法陆续招到了 7 个私教学员，其中 1 个还直接加入了我的私董会！

对于很多人来说，快速招到学员是一件值得高兴的事。对于我来说，却是一种压力，因为我不知道，我能不能把学员教好。

于是，我加入了师父的私董会，成为离她最近的人，这样我就可以学习到最顶尖的文案写作知识，再教给愿意相信我的人！

打开师父的私董会课程，有大大小小近 100 节课，我每天都在她的课程里找出对学员现阶段最有利的内容，再一对一地教给我的学员。

我不断用文案输出正能量，很快，我就接到了实体店文案运营合作的机会，还有个人品牌的主理老师发出的故事邀约。素未谋面的陌生人因为喜欢我的文案，与我结下了不解之缘。文案，真的让我的生活充满了无限可能！

总有人成功，为什么不是你？

世界上从来不缺完美的计划，缺的是坚持

当你下定决心做一件事，你有没有坚持下去的动力？成功的路上并不拥挤，当你能坚持下去，你就已经赢了很多人了。

从我学习文案写作的第6天起，我就开始日更10条朋友圈文案，从未间断。如果你想被人看见，你就要频繁地出现在别人的视野里。

比努力更重要的，是技巧

师父带着我们发起了“21天文案发光计划”训练营，我用了师父传授的关于社群运营的3个小技巧，把训练营的学员的能力全都发掘出来了，学员们都惊叹自己21天的蜕变——不仅文案写作能力进步了，而且大家的思维能力都得到了提升。

每节课都是全员在线听课，我们的文案课程从朋友圈文案素材讲起，到黄金文案的拆解逻辑全盘交付。下课后，学员们都会要课程的录像链接，生怕自己错过了任何一个精彩的片段。

我的底牌，永远是真诚

在学员跟着我学习文案的第3个月，有2个私教学员决定升级到我的私董会，跟着我继续在文案写作的赛道上奋斗，她们说从我这里感受到了强大的正能量，让她们在面对生活时更有信心。

其中一个学员说，我是她见过的老师中最有耐心的。学员们还频频向我报喜，有的学员把文案写作思维用在申请工作的文章中，居然

一眼被公司相中，直接被录取；还有学员用文案逻辑做客户活动邀约，成功率提高 70%；更有学员之前特别害怕写工作报告，却在学习文案课程后，10 分钟完成了一篇工作报告。

我相信，生活充满了希望

心里有太多话要对师父说，但再多语言都很难表达我遇见师父后激动的心情。

虽然接触文案写作只有短短 4 个多月的时间，但我找到了努力的方向。我学到的不光是文案写作的专业知识，更是强大的逻辑思维能力。什么内容到师父手里她都能从底层逻辑拆解；任何课程经她一打磨，就是接地气的干货，有手就会写！

师父时时刻刻都会在我身后，“靠谱”就是她的代名词。更重要的是，我在她身上看到了坚持的力量，我相信跟着师父的脚步，我就可以不断尝试新的挑战，得到好的结果，生活充满了希望！

改写

没背景、没资源的体制内人士是怎么做到副业收入不断增加的?

■ 玉探(Alice)

文案写作导师

持证九数天赋咨询师

畅销书作家思林老师嫡传弟子

每一个不曾起舞的日子，都是对生命的辜负！

父母和亲戚说我从小就倔强，认定了一件事，就非干不可，十头牛都拉不回来，直到自己撞得头破血流。这样的性格让我没少吃苦头。虽然工作是个“铁饭碗”，但我仍要干副业，结果几次创业和投资投入的钱都打了水漂，所有人都不理解。

但我仍在继续探索人生的更多可能性，接下来，带你一起回顾我的“寻宝”之路吧，希望我的故事对你有启发。

很多人羡慕的工作，为什么不是我想要的？

我的舅舅是我读的小学的校长。受他的影响，小小年纪我就想长大以后要有一份好的工作，不受风吹雨打，还能轻松赚钱。所以，从小我就是别人眼中的乖乖女，学习很用功。幸运的是，刚迈出校门，我就一脚跨进一家世界500强的央企，很多人都特别羡慕我。

可是，这份工作与我想象中的有些不一样。工作没有那么有趣，每天重复一样的工作内容，枯燥且乏味。关键是这份工作在体制内，我没有雄厚的背景，想要升职加薪，真的太难了！

于是，我也开始了四处“折腾”的副业经历。

探索更多可能，让人生不设限

当我看到别人开服装店赚了很多钱，就把自己辛苦攒下的钱拿出来和朋友一起开了一家服装店。刚开始每天有额外的收入进账，我们都特别有干劲。可是，好景不长，由于我们对这个行业完全不懂，也没有调研，服装店经营了几年，利润越来越少，最后关门大吉。

后来，我又看到同事投资股票，有时候，他一天就能赚四位数。于是别人买什么，我就跟风买，结果没多久就遇到了“股灾”，当时我买的一只股票断崖式下跌，最后，足足赔了三分之二！

可是这些困难反而让我更明白，无论做什么绝对不能没有专业技能担保。所以，我们每一次遇到的挫折，都是人生的一堂课！于是，我报了很多课程，如投资理财、企业管理、英语、性格心理学……希望能够通过投资自己，找到未来的方向！

人生的低谷，就是你人生的转折点

偶然的一次机会，我在网上看到了一位老师在直播间卖课，课程内容是如何用技能变现。当时课程价格是 7000 元，我犹豫了很久，因为那时我已经在线上课程投入七八万元了，可学费还没赚回来。但我不愿意错过改变的机会，于是一咬牙报名了。

其实，我觉得遇到机会时，如果你有能力承担损失，就要勇敢抓住机会。这次的付费课程带给我的又是什么呢？

我一边学习，一边实际操作，信心满满，还做了课程的海报发到朋友圈。可是，发了半个月的广告，最后只有 4 个人报名了，真是越学越迷茫。

就在我灰心的时候，我在这个课程的微信群里遇见了我现在的师父——思林老师，我被她的标签吸引——“文案高手”“内向”“宝妈”“把你的朋友圈打造成自动收款机器”。

我用思林师父写好的文案模板发朋友圈，让我没想到的是，我刚发出去不久，就有人来找我咨询课程。感受到文案的魅力以后，我又报了思林师父的私教课，一路升级到私董会。

我人生的导师倾囊相授，教我十八般武艺

进了私董会，思林师父手把手地教我，她常说的一句话就是，“我的就是你的”。

她带我们一起做活动，师父永远走在最前面，坑替我们踩了，路为我们铺好了，我们只要踩着师父的脚印走就可以，所以我能飞速成长。

思林师父从未停止成长，她一直在付费学习，不断提升自己后再将她学会的东西教给我们，我们也跟着她快速迭代。

其实做个人品牌，必须要一直吸引更多人的关注，所以师父带着我们做自媒体，小红书、微信公众号、直播……只要是有利于我们成长的技能，她都会教，目的就是让我们都有独当一面的能力!

神奇的文案，有魔力般让一个内向的人绽放，活成了自己喜欢的模样

自从跟师父学了文案写作后，很多人天天追着我的朋友圈看，给我留言说我的文字给了她们能量和力量，她们很喜欢看。通过文字能够帮到别人，我找到了做这件事的意义，让我很快乐!

后来有合作方找我帮助她布局朋友圈，报价也非常不错，我的每一个字都能变成钱，这是我以前从来没想过的。

有些朋友看我的朋友圈文案写得好，主动跟我学习如何写文案，我的副业收入一直在增长。而我的学员跟我学习几个月后，他们的副业收入也开始增加了。

跟我师父学了文案营销后，在公众场合发言就会紧张的我，居然

可以直播讲课，还能脱稿与别人视频连麦。我还开办了六期文案训练营，以及文案私教班、弟子班，我已经能够轻松运营社群了。

思林师父把她学到的运营小红书账号的方法教给我们，很快我的小红书笔记也出了有上千个赞的“小爆款”，我把学来的写作技能运用到公众号文章中，一下子“涨粉”几百人。跟师父学习，我的综合能力得到了很大的提升！

也许你会问，学了文案写作对你有什么改变呢？

对我来说，最重要的一点就是思维方式的改变。我有了用户思维，学会站在他人的角度考虑问题，人际关系更和谐，思辨能力也增强了，我学会了转变思维，会思考经历的各种事情让我学到了什么；我还变得更敏锐了，更善于发现生活中的美好。

提高了透过现象看本质的能力，我能够迅速抓住产品的特点和优势。

有了这个副业，我的主业做得更从容，也更喜欢这份工作了，跟领导、同事的关系越来越好，收入也提高了。

更让我开心的是，即使没有刻意教育两个孩子，通过言传身教，她们在学习上都特别让我省心，我们之间的相处也很融洽。有句话说得好，你的格局是孩子的起跑线，所以，当你进步了，周围的人也会跟着进步。

现在的我进入了一个更广阔的世界，人生有了更多的可能性，而我也越来越喜欢这样的状态！

一个口碑极好的训练营，成功的秘诀都在这里

2023 年 10 月 9 日，我参加了思林师父的“21 天发光计划 6.0”

训练营，我被这个文案训练营深深折服了。我复制了她的文案内容，并参照她的流程，这让我快速成交了23个陌生客户。

我感触最深的就是，师父的这个课程一环扣着一环，就像多米诺骨牌一样。每一个小骨牌的位置和方向都特别关键，一旦一个骨牌放错了方向，或者位置不对，就会给整个体系带来巨大的影响，甚至满盘皆输，所以每一个细节都很重要。

我把具体流程分解成以下几个部分：

一、细节决定成败，用心才能创造奇迹

在学员进入微信群后，她给每个人都发了一张录取通知书和一条专属私信，而且在群里欢迎每一个入群的新学员，让学员的入群过程更有仪式感。

除了听课，师父还精心设计了课后挑战环节。两人一组，一个没有完成，两人同时出局。这个课程既有精美的复盘礼物，还有挑战礼物，这一切都让课程变得有趣，吸引学员们完成课程。

二、不懂得塑造价值，等于把黄金当铁卖

不管卖什么产品都要塑造产品的价值，否则产品将很难销售出去。我在学习文案课程之前并不懂得这一点，所以很难卖出产品。

行业内有句话叫“不懂得塑造价值，黄金当铁卖”。举个例子，茅台的广告词：流淌于中国酒文化的河流，赤水河左岸的瑰宝；农夫山泉的广告词：我们不生产水，我们只是大自然的搬运工。这些广告语让这些品牌在众多同类产品中一下子脱颖而出。

三、懂得预设问题，你才能应对一切挑战

师父在课程开始前会把学员们可能遇到的每个问题都一一揭秘，

目的就是让他们更快适应一切困难和挑战。

感谢你看完了我的故事。未来我希望用我所学帮助更多有缘人过上自己想要的生活！

我总结了两句话送给正在看这本书的你：

（1）**你值得拥有更好的生活，**因为我们本来就很富有，只是缺少把自己拥有的财富找出来的工具。

（2）**做你热爱的事，**你的人生会更幸福。

这世上有一种成功叫用自己喜欢的方式过一生！希望你能活成自己想要的模样，内外富足！人生美满！

做你热爱的事，你的人生会更幸福。

改写

二胎职场妈妈，学习文案写作后，存款数额不断增加

■ 杨晓熙

畅销书作家思林老师嫡传弟子

吸金文案成交系统导师

太极养生达人

你也可以拥有，自己说了算的人生！

问你一个问题，你有一份属于自己的事业吗？你有过手心向上，向家人要钱的时候吗？如果你目前的收入不能满足生活所需，如果你不得不找老公要生活费，如果你无法为父母的老年生活提供保障，如果你连孩子补习班的费用都出不起……

那请你一定要看完我的故事，二胎职场妈妈不仅在短时间内就增加了存款，更在不知不觉中成功瘦身15斤！

人生就像开盲盒，你永远也不知道下一刻会发生什么

从小到大，我都是别人眼中的乖乖女，学习从不让父母操心。我第一次拒绝了家里的规划和安排是毕业后选择工作时，我凭着自己的能力，顺利进入世界500强企业工作。就在我以为生活会一帆风顺的时候，我却遇到了各种挫折。

我在坐月子期间，跟老公和婆婆争吵了几次，几度被气哭，导致自己的眼睛在很长一段时间内都不舒服。

因为自己带孩子，腰累得直不起来，手也患上了腱鞘炎，每天早上醒来，双手就像被刀砍掉一样剧痛。上班以后，因为牵挂孩子，加上不适应快节奏的工作，我经常加班到很晚，焦躁、愧疚、不安等各种负面情绪把我整个人紧紧裹住。

不仅如此，我的工作繁忙，工资却低到离谱。孩子的奶粉、尿不湿、保险，我都想买最贵最好的，但这些开销我的家庭根本负担不起，导致家庭常常入不敷出。

因为这些问题，三天两头跟老公和婆婆吵架，让我无数次躲在被

窝里哭。难道我的人生再也不会好起来了吗？我不愿意相信，自此开始了自救。

你相信什么，才能遇到什么

因为工作忙碌，而收入不高，我又想多一点时间陪着孩子长大，所以孩子上幼儿园以后，我想换一份工作，最好是工作时间自由酬劳丰厚。

就在这个时候，我在朋友圈看到一篇转载文章，内容大概是作者通过阅读赚到了人生的第一个一百万元！那我能不能也通过阅读赚到一大笔钱，从此过上财务自由的人生呢？

从此，我开启了长达 3 年的线上付费学习之路，无数次挑灯夜战，无数次突破自己。我花了不少钱，可是口袋依然空空。

一年以后，我在朋友圈频频看到一个名词，叫作“文案变现”。朋友圈的伙伴通过学习文案写作，不仅发布了大 IP 的课程发售会，还招到了学员，大幅度增加了他的收入。

有一天，我看到朋友圈的一个好友发了这样一句话：“恭喜思林师父拿下百万业绩！”于是，我加了思林师父的微信。

改变人生，是勇敢者的游戏

思林师父很快通过了我的好友申请，并立刻就跟我打招呼了。我们聊了一会儿后，我就决定要跟着她学习。

我也立刻行动了，其实师父当时还有社群课，但我觉得，一定要深度跟随老师学习才能有结果。所以，我立刻报名了思林师父的私教课。一对一指导的效果真的太好了，在我学习文案写作一段时间后，师父宣布：我写的文案过关啦！紧接着我继续参加21天发光计划，那段时间我竟然实现了“无痛早起”！每天早上5点多就会起床写文案。我之前从来没有成功早起过！以前很少发朋友圈文案的我，学习文案写作以后，吸引了很多好友与我交流，很多人问我：“怎么才能像你一样，写出这么吸引人的朋友圈文案？”

高质量的朋友圈

你想不想知道，怎样的朋友圈才算高质量的朋友圈？开始学习文案写作以后，我才明白，原来好的朋友圈文案是这样的：对话感强，积极向上，真诚利他！

你可以在朋友圈展现真实的自己，把自己喜欢思考迅速行动、持续学习积极向上、会为需要的人提供价值与帮助的形象表现出来。这样的朋友人人都想有，这样的朋友圈文案人人都想看。

如果只听课看书，短时间内是很难写出好文案的，而找一个老师手把手帮你改，则更容易把简单的文字变成有灵魂有力量的语言。

这种文案不仅能吸引用户，还能够给他们内心最需要的东西，增加信任，从而勾起他们购买的欲望，让你再也不用为销售额发愁。

努力很重要，方向更重要

在我的私教课到期后，我立刻付费加入了思林师父的弟子班。

刚刚加入弟子班，经过和师父的沟通，我对工作的态度发生了翻天覆地的变化。我本来对工作已失去耐心，决心要辞职创业，但现在我火力全开地投入工作，业绩迅速提升，领导和同事都对我刮目相看！

尽管学的是文案写作，但我整个人都发生了变化，我因此受益良多。我利用自己所学成了小红书的优质博主，不断积累粉丝数，也认识了世界各地的新朋友。还尝试了人生中第一次直播连麦，跟我亲爱的思林师父。

以前发完工资仅一个礼拜，我就会全部花光，不仅攒不下钱，还经常要刷信用卡，每个月都被债务追着跑。然而学习文案写作以后，我不仅每个月工资都有结余，还成功攒下了存款！

有句话是这么说的：**当你热爱一件事，你眼里就容不下其他的事！**自从我开始学习文案写作以后，我深深地被朋友圈文案表达法吸引，每天都会发几条朋友圈文案。

你是不是以为文案写作只能发发朋友圈？这个想法真的大错特错，文案最厉害的地方，其实是它背后的逻辑思维能力。

去做热爱的事，美好会降临

学习文案写作后，你会清楚营销的底层逻辑。当你面对店铺买赠活动时，就不会陷入不买就吃亏的误区，你很清楚，这是商家的营销策略。当你不再被商家牵着鼻子走后，你会发现日常80%的开销都可以省掉。

当你做热爱的事时，你会发现生活中有太多简单的幸福时光。能按时吃到一日三餐是幸福，有工作可以做是幸福，爸妈身体健康是幸福，孩子茁壮成长是幸福，不管晴天雨天，可以平淡生活都是莫大的幸福。

这种内心充盈满足的状态足以吸引更多好事发生在你身上，那些美好的人和事把能量反哺给你，你会越来越平和与满足，进而有更大的动力投身到当前的事业中。

让自己变得更好，才是解决一切问题的关键

如果你曾经为身上多余的脂肪而苦恼，但是又很难健康地瘦下去……你需要的不是减肥方法，而是自律！

为什么我能瘦 15 斤？那是因为学习文案课程让我变得自律了，让我能够持续地锻炼身体。

而当你有强烈的想要变好的念头时，你的一切行为都只会围绕这一个目的！这也意味着，你完全不需要外界的监督，就会自动地围绕这个目标行动。

自从遇见思林师父，我从一个怨天尤人的职场妈妈成长为一个自立自强的新时代女性，每天日更 10 条朋友圈文案，已超过 200 天！

人们常说，**遇见一个人，打开一扇门。**遇见思林师父，打开的绝不仅仅是一扇门。她用精益求精的态度教我做事绝不敷衍；她用令人惊叹的专业能力引领我走上创业的路；她用极强的行动力告诉我，唯有行动才能克服焦虑和迷茫；她用超高的教学水准告诉我，教育的底色就是帮助与付出。

感谢你耐心看完我的故事，在最后的最后，我想跟你聊一聊自己创业的感受。

创业是一趟孤独又奇妙的旅程

不管你是因为不甘平凡想要创业，还是为生活所迫不得不创业，

我想把付费学习这3年以及线上创业半年时间里自己的一些体会毫无保留地分享给你。

一、持续学习，不断深耕

互联网上赚钱的赛道多如牛毛。俗话说，三百六十行，行行出状元。所以当你选好赛道后，一定记得不要左顾右盼。

持续学习，不断提升你在这个领域所需的能力。简单的事重复做，你就是专家；重复的事认真做，你就是行家！

二、人为事先，做事先做人

单纯的学习技能或许能让你在短期内赚到钱，但想要拥有长期赚钱的能力，人品一定是最重要的。

时刻记住要感恩别人，凡事多为别人想一步，提前做一步，你的格局和气度才是自己未来成就大小的决定性因素！

三、主动破圈，跳出舒适区

人生每个阶段都有舒适区，想要改变现在、突破自己一定要有勇气，你需要主动跳出舒适区。

四、回首初心，不忘使命

有句话是这么说的，拥有使命感，事业才能做得长远。当你发自内心地帮助别人解决问题时，赚钱就是顺带的事！

你有什么不重要，能帮别人解决问题才重要

其实，学习文案写作以后，不仅我自己受益，我也帮助身边的很

多朋友解决了问题，比如：

（1）我用自己擅长的技能帮助朋友走出迷茫焦虑。我的朋友是瑜伽教练，因为新开的瑜伽店拓客困难，非常焦虑。

我教她把客户引流到线上，做好社群服务，为客户提供多种价值。同时帮助她打造公域生态，争取把线下瑜伽转型成线上瑜伽，不拘泥于周边客户，这样，她就可以在线上吸引全国各地的客户用瑜伽疗愈身心。

（2）帮助好友做好社群运营。我通过一定的技巧激活了她长期安静的微信粉丝群，加上不定期的干货分享，既让群里其他成员受益，也帮好友顺利地销售产品。

（3）影响好友跟我一起学文案写作。她跟着我学习后竟然影响了她的老公，她的老公开始健身，一个夏天瘦了 10 斤，并且他同时在网络平台上写作，吸引了不少粉丝。

《论语》中有这么一句话："智者不惑，仁者不忧，勇者不惧。"我们的人生就像一张白纸，唯有主动写写画画才能让人生充实起来。人生既是一个不断向前的过程，也是一个不断完善的过程，愿你我都能扬起勇敢的帆，在人生的路上不惧风雨，逐梦前行！

我们的人生就像一张白纸，唯有主动写写画画才能让人生充实起来。

零基础的普通职场宝妈，学习文案写作后，两个月涨粉5000人

■ 潘潘

畅销书作家思林老师嫡传弟子
文案变现轻创业导师
个人品牌商业顾问

改写

36岁的人生，谁不是悄悄吞下生活的苦涩，随时变身无敌超人！

我是潘潘，80后，一个5岁孩子的妈妈，主业是一家上市公司的财务主管，副业是一名文案写作教练。

自从做了妈妈，我的生活发生了翻天覆地的变化。接下来你看到的，是一个妈妈不断突破自己，找到人生的方向，活得更加精彩的故事……

你永远不知道未来的你，会有什么样的人生

从小到大，我在父母眼里都是最独立的孩子，我从小就一个人睡一个房间，很小的时候就敢一个人走夜路。后来不管是上学，毕业后参加工作，还是结婚生子，我都很少让父母操心，能自己解决的问题从来不会给别人添麻烦。

女儿出生后，我白天努力工作，下班也是事事亲力亲为，自己一个人带孩子。

因为从小习惯了什么事都自己做决定，所以婚后家里干什么都是我说了算，老公、婆婆不理解我为什么这么强势，婆婆一度气得要回老家，老公也跟我冷战。我自己还因此累了一身病，以至于现在一到阴天，腰就会疼，我的情绪在当时也不稳定，那时候觉得自己已经陷入抑郁的状态了。每天晚上，我都要一个人躲在卫生间偷偷地哭一会。

难道我就要这样一直拧巴着生活下去吗？我开始寻求出路，不断地在线上付费学习。

曾经真的以为，人生就这样了

当时我朋友圈里的一个好友发了一个女性财商类的课，我很有兴趣，觉得自己找到了出路，很快就报了最贵的课程，开启了学习成长之路。那时候我把大多数的精力放在了提升自己身上，上班路上会抓紧时间听课，下班回家了也继续学习。

于是，自己紧绷的情绪慢慢放松下来了，整个人的状态也越来越好了。正当我觉得未来一片光明的时候，一个同事问我："你花了那么多钱，挣了多少啊？"一句轻松的问话，却给了我当头一棒，瞬间打醒了我。我学了这么多，但是依然没有一技之长傍身。而且，我花了好几万元，可一分钱也没有挣回来。

这让我整个人再次陷入迷茫中，看着银行卡里越来越少的存款，还有尚未长大的孩子，我渐渐陷入了不断的自我怀疑之中。

难道我的人生，注定一直这样下去了吗？

当机会来临时，你一定要勇敢地把握住

在一个周末，我带孩子去上舞蹈课的时候，遇到了我的好朋友。那时候的她在朋友圈关注一位"大咖"已经很久了，她特别激动地介绍说："跟着这位老师学习文案写作，可以增加收入。"她刚刚报了思林师父的课，充满了干劲，还把师父的微信推给了我。那个时候的我，心里虽有些怀疑她的话，但还是加了思林师父的微信。不过加上之后并没有与她互动，难道我和文案的缘分，就这样擦肩而过了吗？

选对圈子，人生就是条快速道

到了30多岁的年纪，我深深认同这句话，“人很难被教育，但容易被感染”。

例如，如果你身边有个人经常苦口婆心地劝你要积极向上地生活，你未必听得进去。但在你懒散过日子的时候，如果周围的人都在干劲十足地拼搏，你很难忍住不奋发向上。所以，**生活圈子会影响你，你身边的人大概率会影响你走上与他相似的路**。

直到我又遇到这个朋友，这个时候，我看到她身上发生了翻天覆地的变化。从来不发朋友圈文案的她竟然开始早起学习，每天坚持发5条文案。她整个人都在闪闪发光，看起来特别有能量，看到她的变化，我立马就心动了。

我当即报名了师父的“299陪伴营”，然后就爱上了师父的文案，每天都要翻看好久。所以很多时候，你讲再多道理也改变不了一个人，除非你用自己的结果去影响她。

看到师父推出“21天发光计划”，我立马报名了，跟着师父学文案写作的各种方法技巧。更神奇的是老公也受我的影响，变得自律起来。他坚持天天去健身房锻炼，两个月成功瘦了20多斤。这是我跟着师父学文案写作后，一个意外小收获！

你相信什么，就能得到什么

接着，我想要跟着师父学习更多的知识，就毫不犹豫地报名了师父的私教课！师父手把手地教我改文案，每次我把写好的文案发到群里，师父都会第一时间回应并细心修改，她做出的一个小小的改动，就有四两拨千斤的效果。

抓住黄金三秒，写出吸睛的朋友圈文案

我们发朋友圈是为了打造个人品牌，关键的目的是提高自己的影响力。所以，打造一个真实、有趣、有料的朋友圈，不断积累和扩大自己的影响力，能让你持续地吸引粉丝。

我总结几点如何写出吸睛又吸金的朋友圈文案的经验，现在分享给你。

一、如何制造戏剧冲突？

戏剧冲突永远是“吸睛利器”，它可以吸引用户的好奇心。

举个例子，比如说“今天的云好白，天好蓝，可我的心情已经灰到极点，也许是时候做个了断了。”注意，一定要用句号，这样才能让好天气和坏心情成为最强烈的对比。

当别人看到你这句话之后，大概率会好奇你接下来要说什么，要讲一个什么故事，生活发生了什么变故。

二、学会主动提供情绪价值

大部分人发朋友圈文案都是很平淡的口吻。如果你在看朋友圈时，突然刷到一句带着情绪的话，有很大概率会停下来多看一眼。

你可以加入惊讶的情绪，比如，“天哪，一场活动，他竟然卖了 200 万元！”也可以加入恐惧的情绪，“吓死我了，一个痘痘差点让我破了相！”

一般强烈的语气都是表达人的某种情绪：开心、悲伤、喜悦等等。朋友圈可以多记录一些正能量的故事，你永远不知道你的文字会在什么场合影响什么人。因为，情绪可以感染人，让人产生共鸣，自然会吸引他人的关注。

三、引人深思的“金句”

文案的结尾非常重要，能起到画龙点睛的作用，尤其是用“金句”结尾，会给客户留下深刻的印象。“金句”可以引用名人名言，也可以自创。

所以，平时大家一定要多收藏文案“金句”。当自己想发朋友圈文案的时候，找到一条适合你目的的“金句”，效果会非常好。

四、每一次改变，都是新生的开始

2023 年 8 月 2 日，我正式进入了师父的私董会！

这是我全新蜕变的开始，师父每周都会有 3 次分享，内容不仅仅是文案写作的干货，还有做人做事的道理。她希望我们能学到更多的知识，成长得更快。

群里的每一位师姐师兄都会无私地分享自己的学习所得。不管谁遇到困难，大家都会鼓励那个人，用这样的方式让正能量一直传递下去。

我进私董会后没多久，为了锻炼我的能力，师父授权我运营一个 600 人的社群，对于内向的我来说，真的是一次人生的大挑战！

在学习文案写作的整个过程中，我学到了 3 个最重要的经验，这里分享给你。

1. 放平心态

其实有时候事情很简单，但人们的不同心态会导致人们看事情的角度不同。在遇到困难时，把心态放平，接受自己的失败，不要患得患失，很多事情其实没什么大不了的。

所以，希望你在每一个阶段都能调整好心态，在努力的同时，也能享受生活。

2. 用心做好每一件事

如果成功需要 10000 次的努力，很多人往往在 5000 次之前就早早放弃了。其实，成功最难的是日复一日地把要做的事情做完且做好。

而你在用心做好每一件事的过程中会不断地积累经验，为你最终的成功打下坚实的基础。

3. 向有结果的人学习

你发现没有？单打独斗真的很难，不管你做什么事情，向已经有结果的人学习，是提升自我最快的方式！

因为，那些成功的经验和想法已经被验证过，所以，成功的捷径就是脚踏实地跟对人、做对事。

再回过头看，我觉得自己这一路走来就像做梦一样。我跟着师父不仅学到了文案写作知识，还拥有了自己的个人品牌，顺利地招到了学员，自己的人生也在一次次不断地突破成长中。我相信这只是一个开始，未来会更加精彩，期待与你一起见证！

而你在用心做好每一件事的过程中会不断地积累经验，为你最终的成功打下坚实的基础。

改写

人生永远没有太晚的开始

■ 果泥

畅销书作家思林老师嫡传弟子

吸金文案写作教练

互联网轻创业导师

人生永远没有太晚的开始，只要你足够有动力，一切都还来得及！

亲爱的朋友们，你们好呀！如果你们已经拥有了阳光、海水、沙滩的惬意生活，还会选择线上创业吗？

命运给我关闭了一扇门，我却给自己打开了另外一扇窗

我是一个来自小镇的女孩，性格比较内向，胆子小。我不爱说话，就算开口说话了，声音也小得就像蚊子嗡嗡叫，因为总是担心会说错话。我现在已长大成人了，妈妈还会时不时提到我的小时候，说："你上小学的时候，上课铅笔掉地上了，都不敢捡起来。"

虽然我很内向，但我一直非常努力地学习。可是不管我怎么努力，语文成绩一直不好。

小学5年级的时候，因为我的作文写得不好，被语文老师点名，他还当着全班人的面把作文念了出来，全班人哄堂大笑，这成了我心里永远的一道伤口。

你们会不会以为，被这样嘲笑后，我就立志"出人头地"了？并没有，我的语文成绩更差了。命运给我关上了语文这道门，我给自己打开了另外一扇窗！

高考凭着理科成绩，我考入了一所211工科院校。自从上了大学以后，我觉得自己就是命运的宠儿，在自己的努力下，学习、工作、家庭，每一样都很顺利！直到2022年，我面临了一个重大的选择。

明明可以每天躺着享受阳光、沙滩，可偏偏要证明自己的实力

2022年时，我的事业可以说是风生水起，处在直线上升的阶段。然而我的丈夫一直在泰国工作发展，因为疫情的原因，2年都没能回家。我是该选择自己如日中天的事业，继续留在苏州？还是为了家庭团聚，去泰国呢？最后，我辞掉了自己钟爱的事业，选择了我认为更加重要的家庭！

2022年9月，我带着孩子来到芭堤雅，开启了陪读的全新生活。朋友们都很羡慕我，以后的日子不用为了工作辛苦奔波，可以每天躺在沙滩上享受阳光、海水、沙滩。

可是从一个经济独立的职场女性转变为一个家庭主妇，这样的转变让我很难接受，我陷入了极度焦虑的状态，甚至都不知道以后该怎么生活了。

为了改变现状，我从2022年10月开启了知识付费的学习之路。刚开始不了解，我看着琳琅满目的课程，什么都想学。可因为自己没有目标，被别人牵着鼻子走，自己花了钱花了时间不说，还越学越焦虑了。

找好老师，像找对象一样，凭缘分。缘分来了，挡也挡不住！

我在小红书上看到了Celine思林老师，赶紧加了她的微信。成功加为好友后，我接着观望了3天。这3天，我把她的朋友圈，翻了个

底儿朝天！

3天后，我直接报名了师父的弟子班。2023年8月6日，我正式加入思林老师的私董会，也真正开启了我的文案写作之路！从此，有师父带领，与师兄弟、师姐妹们一起前行！

锐意进取，当你足够专注做一件事情时，世界就会给你一个大惊喜

从8月16日开始，师父就手把手带着我学习。从师父一对一陪着我练习，写文案发朋友圈的第五天，就有朋友来找我，想跟着我学习文案写作。

我没想到曾经因为作文写得太差、被全班人嘲笑的我，居然会因为文案写得好被人关注！这让我更加有信心，要坚持写下去！

在这里，我特别想说，努力很重要，然而找对方法，并有一个一直陪伴你、让你行动起来的人，更加重要！

你想拥有一个真正属于自己的文案训练营吗？

跟着师父学习文案写作，学的内容包括但又不限于文案营销、私聊成交、社群发售、自媒体、流量引爆等内容。

所以，在师父手把手地带教下，我很快就推出了真正属于我自己的第一个训练营——“21天文案发光计划行动营”。

只要掌握以下5个“黄金密钥”，打造自己的训练营就会变得很简单！

努力很重要，然而找对方法，并有一个一直陪伴你、让你行动起来的人，更加重要！

密钥一：首先明确你的目标用户

想要成功开启一个训练营，首先要明确你的目标用户以及目标用户的数量。

由于我的好友人数不多，所以，我把目标用户锁定为有过线上付费学习经验，且常常发朋友圈文案的伙伴们。

同时，为了给学员们带来较优的学习体验，我决定采取小班制运营，目标是招满 10 个学员就封班。用心服务这 10 位学员，这是我的初心。

密钥二：制作一套每日运营 SOP（标准作业程序）

其实社群运营和发朋友圈文案一样，是需要提前“布局”的。我将整个社群周期分为三个阶段，筹备期、学习期和转化期。所谓凡事预则立不预则废，其中筹备期和学习期一定要制作详细的运营 SOP。下图就是我制作的一天课程的计划表。

【Day.1 开营日】今日活动
重点事项 | 注意事项 | 日常信息

互动窗口	动作序号	时间	活动	活动地点	执行结果	物料信息	备注
今日重要活动提醒	1	12:00-12:30	班级开营仪式	班级群			
	2	19:00-20:00	第一课：文案思维篇	腾讯会议室			
	3	20:00	发挑战群二维码	班级群			
—【6:00早间问好】—							
上午	1	6:00	红包问早安	班级群	☑	微信红包	
	2	8:00	发布群公告	班级群	☑	见Day1运营物料话术	重点：开营+第一课
	3	10:00	提醒：中午12:00开营仪式	班级群	☑	红包提醒	
	4	11:30	提醒：开营倒计时30分钟	班级群	☑	红包提醒	
	5	11:50	开营暖场活动	班级群	☑	见Day1运营物料	
中午	1	12:00-12:30	开营仪式	班级群	☑	见Day1运营物料——开营分享稿	重点：自我介绍+营期安排+晚上第一课
	2	12:30-13:00	午间主题分享：红包礼仪	班级群	☑	见Day1运营物料——午间分享稿	
下午	1	15:00	提醒：晚上19:00第一课	班级群	☑	红包提醒	
	2	18:30	提醒：第一课倒计时30分钟	班级群	☑	红包提醒	
	3		发第一课，上课链接	班级群+私信	☑	会议室链接	重点：提前预约腾讯会议
晚上	1	19:00-20:00	第一课：文案思维篇	腾讯会议室	☑	腾讯会议室 第一课ppt 见Day1运营物料——第一课逐字稿	提示：告知挑战环节
	2	20:00	公布挑战群二维码	班级群	☑	挑战群二维码图片	重点：提前建挑战群
	3	20:00-20:30	详细讲解挑战群规则	挑战群	☑	见Day1运营物料——挑战群规则	
	4	22:00	预演，当日挑战截止	挑战群	☑		
	5	22:30	发明日挑战海报	挑战群	☑	见Day运营物料——海报	
—【22:30 熄灯】—							

密钥三：筛选人群，把精力留给最需要的人

因为人的精力是有限的，一个人运营社群时，这点就会更加明显！所以，要筛选学员，为的是把80%的精力用在20%最好学的学员身上。虽然我的学员的数量只有10个，但这个原则仍然适用，因为肯定有几个人不会跟着你的节奏走。当我筛选学员时，就验证了这一点。

我用了思林师父的方法，两两组队来完成每日文案挑战，当天有一个人挑战不成，你和你的同伴一起出局。有几个学员没有参与这个挑战，还有的学员中途就放弃了。

如果社群的人数多，筛选人群就更加重要！

密钥四：你有多及时，就有多重视

这个及时性体现在及时回复群消息，及时为学员点评作业。因为，每一个信任你的人，都值得你用心对待！

当他们有需求时，你要及时回复，并帮助他们解决问题；当他们完成了一条文案时，一定要立刻帮他们点评。

密钥五：我们需要一个“高能量”的社群

如果你也听说过这样一句话，“能量比能力更重要”，那你就一定要让自己管理的社群每天都充满能量！

社群里，每天早上都会带动大家互相打招呼，一整天都元气满满！当社群中的人遇到困难时，大家都会出谋划策，帮忙想办法。

短短21天，别人因你而更加闪亮

因为做好了上面五点，“21天文案发光计划行动营”的社群每天

都非常活跃，而且完全实现了社群“自运转”。学员们也在飞速地成长。

当你开始了学习文案写作，你的人生就会不断地变化。它让你的每一天都充满阳光和温情，它还能助力你打造自己的个人 IP。

不知道你有没有听过一句话，“人生最美丽的补偿之一，就是人们真诚地帮助别人之后，同时也帮助了自己”。你知道吗？在我办了训练营之后，我自己的收获才是最大的，不仅仅是文案写作能力的提升，还收获了几位金光闪闪的“私教学员”。

如果说他们报名我的 21 天文案课，是始于对我的文案写作能力的认可。那我坚信，这几位选择报名我的私教班的学员，是对我人品的认可！思林师父一直告诫我们，“好人品，才是一个人最好的运气”，因为，人品才是一个人最硬的底牌！

今年因为遇到思林师父、因为遇到文案写作，我的人生充满了惊喜！只要你敢开始，文案写作也能带给你无限可能！

我和文案的缘分，只是刚刚开始，我和文案学员们的情分，也将一直延续！

改写

从职场精英到个人 IP 百万操盘手，我实现了华丽转身

■ 若弘

畅销书作家思林老师嫡传弟子

舒心文案成交系统创始人

全域个人品牌操盘手

人生的重启键在你手中，只有你自己才有能力改变一切。

请你闭上眼睛想一下，每天上班后第一件事，是不是坐在办公桌前按下电脑的开机键，当熟悉的声音响起，你的新的一天就开始了。

你有没有想过，让自己的人生重来一次，带着已有的记忆回到过去，做自己一直想做而没有做的事，让人生从此不留遗憾。而此刻的我没有重启人生，就过上了自己一直梦想的生活。

因为某个平台的头部教育博主找我全权负责朋友圈文案、个人故事、销售信的撰写和运营；同时，某个网络销售平台的头部塑身衣品牌发售新产品，也找我帮忙撰写朋友圈文案。

如果你想知道，到底我做对了什么，为什么这么多人找我来写文案？一切的答案就在本文中。

我是若弘，出生在杭州一个普通的家庭，而我从小就是“别人家的孩子”。每次我爸开家长会回来，总是会带着骄傲的口吻说，好几个家长问他有什么秘诀能把我培养得这么优秀？他每次都会说，其实也没有用什么方法，都是靠我自己的努力。因为，他们从小就教育我，“路，要靠自己走；事，要靠自己做”。

但是一件事的发生，改变了我的人生走向。

我的人生，按下了重启键

那是 2019 年的夏天，家里突然传来父亲病危的消息。我当时在外地工作，匆忙赶到医院才被告知：“你爸已经病入膏肓。”这消息就像一道晴天霹雳，打破了我原本平静的生活。

原来在过去的一年里，我爸爸身体每况愈下，几乎跑遍了杭州的医院，但每次我一回家，他都只是跟我说，“没事，就是例行检查”，从来没有透露过他真实的病情。

而此刻，我才终于明白，看似风平浪静的生活，背后总有人替你负重前行。

我永远记得那一天的下午，我跟我妈一起到 ICU 看望我爸，在离开的时候，我回头看了一眼躺在病床上的父亲，看到他微微睁开的眼睛闪着泪，但没想到的是，这一眼却成了永别……

那天晚上 10 点多，我就接到了医院的电话，被告知爸爸已经永远地离开了。在送爸爸回家的救护车上，我握着他渐渐冰凉的手，悔恨和不舍涌上心头，眼泪止不住地往下流。

如果还有一次重启人生的机会，我一定会跟爸爸说一句，“我爱你!”……而父亲的离世也让我开始明白，生命短暂而脆弱，一定不能让自己再留遗憾!

于是，我做了一个重大的决定。

职业生涯遭遇瓶颈，我越来越迷茫

当时我在一家杭州本土房企担任区域财务负责人。虽然我一直想挑战更高的职位，可没有任何机会。每次深夜躺在床上，我总会反问自己，难道我的一生就这样了吗?

我想如果主业看不到希望，要不做个副业，或许会给我的人生带来不一样的精彩。

我在刷朋友圈的时候发现一位高中同学正在推广一款微商产品。我回想到，早在 2007 年，我就在淘宝上开过店，经营一些小百货商品。但是因为一直没有找到好的营销方法，我就半途而废了，错过了电商的黄金期。这一次，我不想再错过了，很快加入了高中同学的团队。如果你也做过微商应该会知道，刚开始靠着熟人的生意，产品会卖得很顺，但如果一直靠熟人，那这项事业一定走不远。加入团队3个月后，我有了自己的团队，但我越来越迷茫了，因为仅仅照抄朋友圈文案，我们团队的咨询量在慢慢变少，有时甚至几个月都无人问津，我们渐渐就失去了斗志。那时的我常常质疑自己，陷入了反复的内耗中。

在迷茫的时候，你会选择沉溺还是破局?

当迷茫的时候，我首先想到的就是学习，只有让自己忙碌起来才能阻止脑中的胡思乱想。不过，我陷入了另外一个循环，就是学了很多，也花了很多钱，可除了被塞满的电脑收藏夹，什么都没有留下，我的内心还是一样的空虚。

当时正好遇到一位知识付费“大咖”老师推广一个课程，叫“3天个人品牌文案修炼课”。于是，我毫不犹豫地报名了。这个9.9元的课程为我打开了一个崭新的世界。当时文案课的主讲老师就是我现在的师父——思林老师。

开启自己的个人品牌，找到全新的自己

跟思林师父深度学习2个月后，我就开启了人生第一个文案训练营，我在朋友圈发了我的文案训练营的广告，吸引了20多人来找我报名，他们都是被那个广告吸引的。

随后，我模仿师父把“21天发光计划文案训练营”分享给了我的学员。

另外，我还招到了自己的私教学员。她告诉我一个好消息，她用我教她的文案写作的方法帮助家里的鱼塘生意制作宣传短视频，在抖音上竟然每条视频的播放量都破万了。

学习文案写作让我被更多人看见了。因为装修新家，我跟设计师去逛家居市场，加了一位做高端全屋定制生意的老板的微信。结果她被我的朋友圈文案吸引，当天晚上，她直接支付运营费用给我，让我帮她运营公众号。仅 1 年的时间，我通过运营公众号收入就增长了很多。

一套方法横扫公域和私域，实现高价值变现

无论在公域、还是私域，我用的都是同一套方法运营。下面我就为你分享其中最核心的 3 点经验。

确定个人 IP 的定位

一个个人 IP 的成功与否与定位有很大的关系。定位是什么？就是解决 2 个问题，“你的客户是谁?”“你能为她提供什么价值?”

很多客户找我咨询时说自己的产品所有人都需要，但其实你必须放弃一些客户才能找到你真正的潜在客户。

比如，街边 60 元一次的足浴服务，它主要的客户就是节省的老年人和收入不高的群体；而商场里，498 元一次的足浴服务，它主要的客户就是愿意享受生活的年轻人和收入较高的中产阶级。

不同价格的产品与服务，可以满足不同社会阶层客人的需求，因而产品的定位越清晰越具体，才能越准确地找到客户，再进一步挖掘客户的需求。

挖掘客户的主要需求点

通过“痛点”“爽点”“痒点”三个层次，深挖客户需求，激发客户的购买欲。

“痛点”：需求无法满足，客户处于痛苦和焦虑之中；

“爽点”：需求及时满足，客户感受到快乐和喜悦；

“痒点”：需求被满足后的附加价值。

比如，产品是一款美体塑身衣。

客户的“痛点”是生完孩子之后身材走样，腰间的赘肉让客户渐渐自卑，失去了往日的自信；

客户的“爽点”是穿上塑身衣后，立马让自己的小腹变得平坦，再穿上自己以前的衣服，恢复了自己的美貌；

客户的“痒点”是她穿的不是一件塑身衣，而是作为一个女人的自信。先相信自己，别人才会相信你。

针对客户需求，提出解决方案

无论是卖产品、课程，还是提供服务，很多时候，客户需要的不单是产品本身，还有一整套的解决方案，帮助客户脱离目前的困境。

比如，养生产品帮助客人养成健康的生活方式；化妆品帮助客人变美变自信；文案课程帮助客人获得一项技能，在提升自我的同时还能帮助他人。

商业的本质是价值的交换，也是人与人之间关系的深化，在解决问题的同时，我们还要提供足够的情绪价值，让自己在客户那里变得无可替代。

商业的本质是价值的交换，也是人与人之间关系的深化，在解决问题的同时，我们还要提供足够的情绪价值，让自己在客户那里变得无可替代。

改写

现在的我，特别想跟曾经的自己和思林老师说一声“谢谢”，要不是自己的不放弃，要不是自己遇到了对的老师，也不会有我现在的华丽蜕变！所以，如果你发现生活的前路变得迷雾重重，不妨按下暂停键，让自己找到一个清晰的起点，你会发现自己的人生会更精彩！

改写

从被人屏蔽拉黑，到靠朋友圈增加收入，我做对了什么？

■ 韩韩

畅销书作家思林老师嫡传弟子

无痕文案成交系统导师

资深国际教育咨询顾问

请相信，相信的力量。不要给自己设限，只要你想，就一定可以做到！

你好，我是韩韩，是畅销书作家思林老师的嫡传弟子，主业是在国际教育领域，副业是一个微商平台百人团团长，同时，还是一名无痕成交文案变现导师。

感谢命运的偏爱，让我在42岁的时候，有机会在这本书里跟你分享我的故事。

笨，怕什么？只要足够努力，神明都会庇佑你

从小我的学习成绩就一直不好。各方面，我好像都比一般的小孩慢半拍。我一直觉得，自己是个笨小孩，胆小、内向、自卑。我告诉自己，没有人家聪明，就要比人家努力，所以，从小到大，我一直没有松懈过。

董宇辉说："只要你足够努力，神明都会庇佑你，你终究能等来好运气！"普通出身、普通学历的我，在大学毕业后的第5年，幸运地进入了北京的一个985大学的国际项目工作。自此，我拥有了不错的收入、舒适的工作环境、各种单位福利、人人羡慕的寒暑假期。

本来以为，自己的人生会这样顺风顺水地过下去了，没想到变故发生了。

我曾走在崩溃的边缘

就在我以为自己可以在这所985大学的国际项目里安安稳稳地过

到退休的时候，这个项目开始走下坡路。更糟糕的是，我的投资失败导致多年的积蓄一夜之间化为泡影，婚姻生活也出现了变故。

写到这里，我想起了俞敏洪老师的一本书《我曾走在崩溃的边缘》。那时候，我感觉自己的人生就走到了崩溃的边缘。在那段时间，我经常会不受控制地流眼泪。

好莱坞巨星盖尔·加朵说，“生活并非一帆风顺，但我们可以选择如何调整风帆”。生活的重挫、单位变故，都让我措手不及，我反复思考了半年多，做出了一个重大的决定：彻底告别北京这个我生活了13年的城市，独自一个人来到了上海。我准备在一个完全陌生的城市重新开始。那是2019年，我38岁。

一来上海，我就迫不及待地找工作。那个时候，我还没有开展副业的意识，一份稳定的工作是我所有安全感的来源。但没想到，我遇上了新冠疫情，所以，到了上海足足半年后，我才入职新公司。尽管如此，我仍然觉得我很幸运，因为在新冠疫情这么艰难的情况下，我竟然可以再次进入我熟悉的领域，上海的一个985高校下属的国际项目。

不，这次我从原来的后期留学文案岗换到了前期招生顾问岗。当年，受大环境影响，很多实体产业倒闭，但没想到，因为很多学生不得不延期出国，竟然带火了国际本科项目。所以，那两年我的主业小有收获。

但是，经历了之前事业的重挫、疫情的冲击，我深刻明白了一个道理：这个世界没有什么工作是稳定的，我不能再把安全感完全寄托在工作单位上，最牢固的护城河只能是不断强大的自己！

这个世界没有什么工作是稳定的，我不能再把安全感完全寄托在工作单位上，最牢固的护城河只能是不断强大的自己！

在命运的指引下，我开始做人生中第一份副业

2020年5月，在我的工作暂时稳定、生计暂时有保障之后，我开始考虑如何在死工资之外，再增加一些收入。就在那时候，我遇上了一个专注卖原生态水果的平台。我了解清楚之后，毫不犹豫地花钱入了会员。我想让更多人摆脱泡药水果，尝到真正原生态水果的味道。就这样，我人生中的第一份副业开始了。

做过微商的人都知道，刚开始做生意的时候，亲戚朋友都会来支持你。但是熟人这波红利吃完后，如果你不懂营销，吸引不了源源不断的新客户，生意就很难坚持下去。这也是为什么大家的朋友圈里有很多微商没多久就都销声匿迹了。

那个时候的我，甚至连“引流”的概念都没听说过，更别说其他营销方法，所以，尽管每天发几十条朋友圈文案，可是，一天下来，却连个涟漪都没有泛起。我该怎么办？我这样坚持下去有意义吗？我迷茫了。

人生的改写，从遇见思林师父开始

就在我不知道前路该怎么走的时候，我遇到了一个人，这个人让我瞬间有了方向。而我人生的后半段，也因为她的出现而改变了。她就是我最爱的师父——思林老师。

遇见思林师父之后，我第一次知道了“朋友圈布局”“微信礼仪”“生活圈”“专业圈”这些新词。

和师父学习文案写作的过程，也是学习思考和洞察人性的过程。我才知道，看似简简单单的文字背后竟然是一整套的营销体系。于是，接下来，我报了思林师父的弟子班。

用文案点亮更多人

跟思林师父学习文案写作一个月后，我出师了。其实，在我学了两个星期的时候，就有好友被我的朋友圈吸引，要跟我学文案写作技巧。第二个月的时候，我就收到了 2 个弟子，其中 1 个弟子跟着我做了一期训练营之后，马上模仿做了一次，赚回了学费。

跟着师父学习之后，我知道自己会成长，但没想到，我掌握了文案写作后，竟然还可以帮助更多的人。这种可以帮助别人的感觉，带给了我特别大的成就感和自信心。说到这，我忍不住跟你分享一下我和我徒弟的成就。

（1）**一个徒弟，跟着我做了一期训练营之后，马上模仿做了她自己的训练营，赚回了学费。**

这让我对思林师父的这套文案无痕成交系统更加佩服了。

（2）**掌握了文案写作技巧之后，我收到了运营朋友圈的合作邀请。**

我帮客户运营了朋友圈后，不但帮客户激活了她微信里的一半人脉，而且，有些跟她只有一面之缘、从没聊过天的人因为看了她的朋友圈，都主动找她咨询，还成交了不少单。这个小伙伴是实体店老板，也是我 7 天训练营的学员。通过这次的合作，让我再一次感受到了文案营销的厉害，也感受到了自己的价值。当一个人越来越肯定自己的时候，就会成长得越来越快，而我的这种成长和自信，都源于跟随师父的学习。

（3）**小伙伴转发了我写的产品文案之后，开始“爆单”。**

掌握了产品文案的写法之后，不但我这边不停有人咨询产品并下单，团队小伙伴转发我的产品文案后，也开始出单。所以，当你真正掌握了文案营销，销售并不难。在这里，我想分享2个我用得最多的写产品文案的方法，一定可以帮助到同样在微商行业努力的朋友。

①用户思维，多考虑用户需要什么，而不是你的产品能给客户带来什么。用户思维用在产品文案上，就是写“买点”，不要写“卖点”。比如：

卖点文案：胶原蛋白肽小分子易吸收。

买点文案：客户说婆婆喝了胶原蛋白肽，膝盖和腰疼好多了。

卖点文案：这件摇粒绒衣，优选羊羔绒面料。

买点文案：这件摇粒绒衣，口袋都带羊羔绒，暖心暖小手，满满的幸福。

②持续打造你的个人IP，具体来说就是不卖产品，卖人品。比如：

我坚守这份事业，是因为它可以给信任我的客户带来健康，更可以帮助客户省去因筛选产品而消耗的大量时间和精力，所以，我这一坚持，就是4个年头。

读到我产品文案的客户会觉得我很温暖。这世上没有任何一个产品是独一无二的，你很难用产品锁住一个人。但是，如果客户认可你的人品，信任你、喜欢你，那你只需要让对方知道你能帮他解决什么问题，在他需要的时候自然会先想到你。

所以，这就是为什么一定要打造个人IP，个人IP的影响力越大，你卖产品就会越轻松，比如董宇辉，你会不会因为喜欢他而去支持他？用文案打造个人 IP 就是一样的道理。

（4）**文案让我真真正正学会了好好爱自己。**

每天写文案的过程也是思考和用心感受生活的过程，坚持下去，你就会成为更好的自己。

人生是一场交响乐，让我们一起，成为自己人生的指挥家

最后，特别感谢我的思林师父，她引领我走进神奇的文案世界，让我拥有了“点字成金”的能力。未来，我会和师父一起，把文案写作作为终生事业，帮助更多人。

从美编逆袭为文案导师，我帮助学员实现了收入快速增长

■ 凯文（Kevin）

畅销书作家思林老师嫡传弟子

文案写作教练

个人品牌商业顾问

改变并不可怕，可怕的是停滞不前，甚至是倒退！

你好，我是凯文，是思林老师的嫡传弟子，我想和你分享一下我是如何从一名迷茫焦虑的职场人逆袭的。2016 年，我辞去了稳定的美编工作，从零开始转行做运营方面的工作。2 年后，我又开启了声音培训的副业之路。2020 年，我学习文案后，成为一名文案导师。2023 年，我遇见了思林师父，用一张图片写了 200 条不同角度的文案，在朋友圈引起了强烈反响；我还写了两本跟文案相关的书籍，实现了作家梦。

所以，人生有很多种可能，千万不要自我设限，只要心存梦想，人生就会充满希望，你的未来自己创造。

为了改变内向的性格，初入职场的我选择学习一项专业技能

曾经的我性格特别内向，每次在人多的场合，就会不知所措。这种时候，我总是默默坐在角落里，希望没有人注意到我。这个问题一直困扰着我，我觉得要是自己的表达能力更好一些，是不是就不会有这种不安的感觉和无力感了。

读大学的时候，我学的是美术专业，毕业后去了报社，负责报纸版面的设计工作。那时我的同事都是记者和编辑，她们有很好的表达能力，与她们相比我的缺点更加明显了。

不擅长写作、不擅长表达的我，想要自我改变的意愿被点燃了！

我该学点什么呢？有人喜欢跳舞，有人喜欢摄影，有人喜欢写作。我从小就喜欢唱歌，于是我想系统地学习，以后如果遇到一些社交场合也能用得上。我找了专业的声乐老师，开启了自己的求学之

人生有很多种可能，千万不要自我设限，只要心存梦想，人生就会充满希望，你的未来自己创造。

路，并跟着声乐老师学了3年多的时间。从我学唱歌的那一刻起，我就养成了长期练声的习惯，自己的声音也逐渐地发生了变化。

遵从自己的初心，辞掉了相对稳定的工作，一切从零开始

工作了6年多，我遇到了个人职业的瓶颈期，在职场上看不到升职的希望，我问自己，这是我想要的事业吗？

看着一眼就能望到头的工作，心中难免会有一丝担忧。如果现在不尝试改变，等到将来我的年纪大了，换工作就更难了。

站在人生的十字路口，我该如何选择呢？正当我举棋不定的时候，一份运营的工作摆在了我眼前。运营的工作在当时比较热门，又可以和不同领域的人打交道，正好可以锻炼我与人沟通的能力，这不就是我想要的吗？

但是真到了要辞职的那一刻，我的内心还是有一丝担忧，未来有太多的不确定，不知道这次的改变是好是坏。最终经过多次内心的斗争，我遵从了自己的初心，递交了辞职信，走出了自己的舒适区，转行做起了运营工作。

通过考核，顺利加入合唱团，登上梦想的舞台放声高歌

2017年初，正逢一个合唱团招募新团员，想到有机会可以参加演出，我立马报名了。经过几轮考核，我顺利成为合唱团的一员，开始了每周一次的排练。在合唱团的那段日子里，我有幸和一群爱好音

乐的伙伴们一起参与了在上海东方艺术中心、上海音乐学院等场所举办的多场专场演出。

每次演出结束的那一瞬间，都感觉自己像在做梦一样。我之前没想过自己有一天可以在舞台上放声高歌，实现曾经的梦想。同时，我也庆幸自己这些年一直在坚持，始终没有放弃音乐梦想，音乐也没有放弃我。

2018年年初，我开始尝试做副业。我当时想的是要是以后没了工作，这个副业也可以让我有一份稳定的收入，为生活增添一份保障。我留意到有一些网友对学习发声技巧非常感兴趣，正好身边有小伙伴也有这方面的需求，我就建了一个声音学习群，带着大家一起练声。

同时，我也收到一些邀请，有几位老师希望我到不同的社群里分享练声的经验，听了我的分享后，大家都给予了高度评价。随着个人影响力的不断提升，我顺利开启了线上声音培训之路，吸引了越来越多的声音爱好者主动付费跟我学发声。在我的辅导下，学员们的发声技巧都有了显著的改善，这样的改变也让她们在平日的生活和工作中特别受益，人也变得更自信了。有些学员不仅自己坚持练习，还推荐身边的朋友一起来学。

声音培训做得好好的，为什么突然跑去学文案写作了？

在辅导学员发声的过程中，我发现很多学员不但想要改善发声，还想通过做副业变现。那时，我遇到了一个新的挑战，如何帮助大家增加副业收入？

从那时开始，我就到处寻找可以帮助大家通过副业赚取收入的方法，我开始报各种课程，但是收效甚微。

我无意中发现了文案这一领域，我的朋友圈里有很多小伙伴通过文案写作增加了收入。抱着试试看的心态，我付了高价学费报了文案写作课，学了不到两个月，我就掌握了一套写文案的方法，也开始制作课程招募私教学员了，带领之前发声培训班的学员们一起赚钱。在我的帮助下，学员的收入呈指数级增长，实现人生逆袭。

2022 年下半年，我的本职工作变得特别忙，没有太多的时间兼顾副业，只能先将副业搁置下来。就这样过了半年的时间，我的本职工作不像之前那样需要频繁加班了，于是我打算再次开启自己的副业。

可能是之前暂停了半年的原因，再次重启副业难免会遇到一些挫折。这样反而激励了我，既然决定要做，就一定要死磕到底。

跟师父学了文案之后，整个人完全不一样了

2023 年 2 月中旬，我在朋友圈刷到思林师父在招募社群学员，被师父写的文案和课程大纲深深吸引了，我直接报名加入了社群，进群后我最大的感受就是这群里的氛围也太好了吧。

到了 5 月的时候，我报了师父的私教课程。两个月后，我又加入了师父的私董会，跟着师父进一步学习。我从师父身上学到了 2 点成功的经验：

（1）师父有一套特别落地的教学方法，课程非常全面系统，在师父用心的辅导下，学员们写文案的能力有了大幅度的提升。

（2）群里的学员们一起学习，相互帮助。每次有学员寻求帮助，

其他人都会及时伸出援助之手。这种氛围真的特别温暖，这离不开师父的用心经营。

所以，一旦有了系统的课程体系和一套可以落地的教学方法，再加上打造良好的社群学习氛围，就能吸引自己的潜在客户。**你真诚地付出，别人一定会感受得到。**

在师父一对一地指导下，我很快就出师了。能获得师父的认可我特别开心，在这 11 天里，我最大的感触就是自己写的文案更走心、更能打动人了。

为了能跟着师父学习更多技巧，每次师父组织活动，我都会积极参加。我在 2023 年 7 月参加了师父组织的日更 10 条朋友圈文案挑战赛，从那之后，我每天坚持写 8 条以上文案，持续了 100 天以上，感觉自己文案写作的水平能够始终保持在一个较高的水准，每天动力十足。

仅靠一张图片，我用 11 天写出了 200 条不同的原创文案

2023 年 9 月中旬，师父在群里分享了一张图片，大家都用这张图写文案。我也给自己定了目标，打算写 30 条文案。没想到我写完之后，那些朋友圈文案被点赞和评论的数量居然超过了 200 多个，大大超乎了我的预料。

我想知道自己的极限在哪里？究竟还可以利用这张图片写出多少条文案？我又继续写了下去，就这样，40 条、50 条、60 条……我感觉自己越写越上瘾。最后，我竟然仅靠一张图，在 4 天内写完了 100 条不同角度的文案，连我自己都感到十分惊讶。

我的这一举动也引起了文案圈很多小伙伴的关注和支持，他们纷纷为我加油打气，给了我特别多的支持。

这次的文案挑战吸引了不少小伙伴特意来围观我的朋友圈，在大家的鼓励下，我又开始了新一轮的挑战。在之后的 7 天内，我又写了 100 条文案，也就说在短短 11 天内我用同一张图片写了 200 条不同角度的文案。

大家看了我的文案后，纷纷感叹，他们觉得我的发散思维能力也太厉害了。正是缘于这次的 200 条文案挑战，一位小伙伴主动邀请我给她们商学院的学员做一次文案培训，她们对于文案写作和发散思维的内容也特别感兴趣。

说到这里，你可能会问，到底怎样才能用一张图片写出几十条，甚至上百条文案？接下来我就为你一一揭秘。

首先我们可以先观察看看图片中有哪些元素？就拿我用的这张图来讲，它是一个地铁站的场景，图中左侧是一位老年人独自一人在走台阶，右侧是一群年轻人正在排队乘着电梯，两者形成了鲜明的对比。我们可以先根据图片中老大爷、一群年轻人、自动扶梯等对象，联想不同的关键词，然后扩写形成文案的标题，最后写出文案的正文内容。

1. 从老大爷的角度来写

联想关键词：

勇气、走路、差异化

写标题：

①独来独往的人，往往需要更大的勇气（文案见下图）

②走自己的路，别在意他人的目光

③差异化，就是你最大的竞争力

kevin
独来独往的人，往往需要更大的勇气！5

你是不是特别在意别人的看法，所以每次别人发表意见！

你总是默不作声，也很少发表自己的意见，确实……

做一个独来独往的人，往往需要更大的勇气！

虽然有时候会感觉特立独行，但是也会造就一个独一无二的你！

2. 从一群年轻人的角度来写

联想关键词：

性格、打拼、唯一

写标题：

①内向的人和外向的人（文案见下图）

②你现在所有的努力，都是在为将来打拼

③这个世界唯一的你

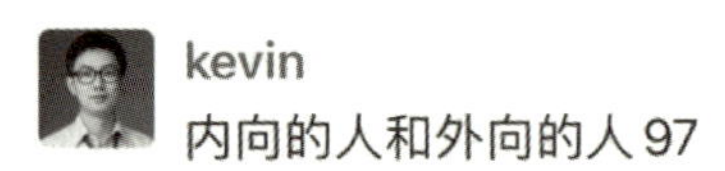

内向的人总是喜欢一个人，因为一个人的时候比较自由，不受拘束！

外向的人总是喜欢热闹，更擅于交际，总有说不完的话！

无论是内向的人，还是外向的人，各有各的性格优势，没有好坏之分！

只要能把自己的优势，发挥出来就好！

3. 从自动扶梯的角度来写

联想关键词：

科技、用户需求、借力

写标题：

①科技让生活更美好（文案见下图）

②产品好不好，取决于是否能解决大部分人的需求

③学会借力，才会不费力

以上文案都是根据图片中看得见的人物写的。我们也可以通过一些图片上看不见的人物来写，比如产品设计师、场地保洁员、人们携

看到这张图片，颇有感触，感叹科技的进步！

科技让生活更美好！

想象一下，如果没有自动扶梯，会是一个什么样的场面！

一群人想要到达最顶端，只能一个个争先恐后地爬着台阶，这画面实在是难以想象！

带的手机等。

除了用图片中的人物进行联想，还可以通过场景的联想来写，排队的场景可以联想到很多类似的画面，比如一些人多的场景，购物、看展、旅游景点等。

通过一张图写多条文案的练习可以训练我们的发散性思维能力。在写的过程中，我们一定要打破固有的思维习惯，不要给自己设限，相信通过一段时间的练习，你也可以随心所欲地写出多条文案。

感恩遇见师父，让我可以通过文案点亮自己的人生

为什么在学习文案写作的这条路上，我前前后后已经花了不少学费，但还是付大价钱加入师父的私董会？跟师父学习的这段时间，我感觉自己无论是内在能量还是心态都完全不一样了，像是变了个人似的。这种感觉真的特别棒，这就是我想要的。

在师父的耐心指导下，我招募了 30 多位文案公开课的付费学员，后来这 30 多位学员中有 16 位报了我的文案训练营，而我一直想写书的愿望在师父的带领下，竟然提前实现了！

感恩遇见师父，感恩遇见的所有朋友们，因为你们让我成了更闪耀的自己。**人生就是一个不断挑战自我、超越自我的过程，希望未来我可以用笔尖书写更多精彩的篇章，创造属于自己的未来。**

改写

农村女孩学会投资自己，从贫困到财务自由

■ 邓老师

畅销书作家思林老师嫡传弟子

Web 3.0 投资导师与实践者

新媒体公司创始人

人生没有白走的路，每一步都算数！

问你一个问题：如果你已经财务自由了，你想过什么样的生活？是每天躺家里刷刷手机，偶尔去去美容院，然后打打麻将，到点了就去学校接孩子的这种生活吗？

不瞒你说，我有两年时间天天过着这样的生活，但我觉得好空虚和无聊，孩子还会时不时问我一句："别人的妈妈都上班，妈妈你为什么就在家里？"

2020 年那一年，我每天待在家里，就开始在线上做知识分享课程，得到了同期同学们的高度认可。在她们的推动下我做了付费社群，可是我根本不懂得怎么运营和管理好社群，所以我又碰到了难题。

于是，2021 年初，在一个社群里，我锁定了畅销书作家思林老师（我最可爱的师父），通过与她的聊天，我觉得她可以帮助我。于是我赶紧报了思林老师的弟子班。短短 2 个月后，我的生活发生了翻天覆的变化。

我终于圆梦，进入了大都市

我出生在浙江衢州的一个农村。小时候，每年家里的稻谷都不够全家人吃，过年时还要去亲戚家借粮。每到过年，家里都会挤满催债的人。

尽管如此，爸妈深知对于农村的孩子唯有上学能改变命运，所以爸妈靠种地和打散工赚来的钱把我送进了大学。

为了减轻家里的负担，我大专毕业后就到上海打工，在上海工作了 4 年。很幸运，我的第一份工作就进入了一家世界 500 强的制造企业，通过积极主动的学习，我终于做到了制程工程师。

因为工作的需要，我经常加班到凌晨1点以后。软件工程师更加忙，不停地测试新系统、调试各个生产线，一个晚上基本没有空下来的时候。连续加班一个月后，我们部门有一个同事过于劳累猝死了。知道消息的那一刻，我慌了，我问自己："这是我想要的生活吗？"

离开舒适圈，探索更多可能

于是，我辞职了，转行去杭州做了销售，带领团队投放了杭州第一批5000个电动车快速充电站。后来，我跳槽去一家广州的公司做销售经理助理。

本来我以为，我终于可以在大都市扎根，并且可以一直努力工作下去，但是2014年公司准备转型，家里又催着我结婚，我该怎么抉择？

在人生的十字路口，我妥协了，和一个一直追求我的男生结婚了，可是，短短1年时间，我就离婚了。但是，我依然相信爱情，渴望孩子。回到家乡后，我又有了现在的家庭，在老家安下心来了。

你猜，我是不是就这样过着相夫教子的生活了？

我从来都不是一个安于现状的人。

2018年，我开始线上付费学习，也是在这一年，我了解到了财商的重要性，开始了我的投资之路；2020年，我实现了资产的阶级跳跃，年收入300万元；2021年，我实现了年收入500万元，走上了财务自由之路。

如果你也想改变命运，强烈建议你学会投资自己

我的学历一般，没有背景、没有人脉。我能成功，我相信你也可以，你只需要做对这一点——投资自己的大脑。

我的改变是从 2018 年开始的。2017 年，我的大宝出生以后，我和所有的宝妈一样的焦虑、无助。为了改变自己的状态，我开始在线上不停地分享自己的学习成长之路，分享投资交易逻辑，就这样顺理成章地成立了社群。我现在也一直保持持续学习的状态，所以如果你也想改变命运，强烈建议你学会投资自己。

最快的成长方式，就是找到一个可以带你学习的师父

我在线上付费学习这么多年，成长最快的时期，是在思林师父的弟子班时，因为她真的是手把手地教你！她不单单只教你文案写作，还有线上礼仪、社群管理和营销。师父每天手把手地帮我们改文案，带我们突破瓶颈。

我记得特别清楚，我是 2022 年 7 月 22 日正式拜师的。拜师之后，前 2 个星期我特别不适应，因为我是个做事情严重拖延的人。

8 月，师父安排了 10 天社群运营实操训练以及“21 天发光计划文案营”的训练，如果不完成就会被师父踢出微信群。我就被这样拖着成长啦！

就这样，我用了师父传授的社群运营方法，彻底激活了我的群。

我现在也一直保持持续学习的状态，所以如果你也想改变命运，强烈建议你学会投资自己。

改写

所以，最快的成长方式就是找到一个可以带你学习的师父！

感谢师父带我掌握文案写作技能

特别感恩我师父，带我走进了文案的精彩世界。

2023 年 3 月 6 日，我第一次参加了师父的线下闭门会。当我拉着行李箱进入会场后，师姐们还打趣地问我："师妹这是给我们准备了多少礼物啊？"我开玩笑地说："我拉着行李箱是来收礼物的。"

这次聚会，很多同门都是第一次见面，但是我们就像多年不见的朋友。这次线下课我们聊了 10 多个小时，每个同门都讲了自己的故事和遇到的问题，师父都给了解答和建议。所有的问题到了师父那里总有解决方案！

师父不但教会了我们文案写作技巧，更重要的是以身作则，教我们做人。她经常挂嘴边的一句话就是"我的就是你的"。

我已经决定，余生，我都要跟着师父继续精进自己，去影响和帮助更多人！

改写

40 多岁的中年女人，通过文案把命运牢牢掌握在自己手里

■ 陈晓娟

畅销书作家思林老师嫡传弟子

文案写作教练

女性成长导师

所谓的铁饭碗，不是在一个地方吃一辈子饭，而是一辈子到哪都有饭吃！

你一定很好奇，一个 40 多岁的妈妈，为什么还要学文案写作？有让人羡慕的工作，有车有房，每天下班看看剧、逛逛街不好吗？

接下来你看到的故事，是一个不甘于现状，想要努力改变自己的职场女性的故事，她想要活出自己，追寻更丰富的人生经历。

幻想中的婚姻美好，现实生活中却不堪一击

虽然我出生在农村，但是从小到大，父母从没有让我干过农活，我自己也认为，自己不适合生活在农村，我终究要走出去，见见更大的世界。

我毕业后，顺利进入一家世界 500 强企业工作。每天朝九晚五，这样一份稳定的工作让朋友们都非常羡慕我，说我端上了国家的“铁饭碗”。

可是，我的人生就一直这样顺利下去了吗？

2002 年 2 月，我和先生结束了 2 年的异地恋，结婚了。我本来想着结婚了，就可以像童话里的王子和公主一样，幸福地生活在一起了。

可是，我先生的工作是全国各地到处跑，这个项目干完了，再换一个项目，没有一个固定的工作地方，所以我们一直都是两地分居的生活。在没孩子之前，我还没觉得有什么，但是在我家小妞出生后，我的生活就发生了翻天覆地的变化。

因为先生常年不在家，我一个人在家带孩子，所有的事都得我一个人处理。记得有次小妞凌晨一点发烧，我冒着寒风，抱着小妞去医

院看急诊。那时候，我的心里真的很无助，特别希望他能在身边帮帮我。

过年他回来的时候，我家小妞都不认识他了，张口喊“叔叔”。那时候我的心里五味杂陈，婚姻生活难道是这样的吗？

因为自己在婚姻中长期单方面的付出，总会因为一些鸡毛蒜皮的小事和先生吵架。当时我都快得抑郁症了，婚姻也差点走到了尽头。

每天晚上，我躺在床上，看着我家可怜的小妞，我就在想：这样的生活什么时候才是个尽头？

你熬过的夜、用过的功，全都铺成了你脚下的路

我没有想到，即使在国企，这个所有人都认为是“铁饭碗”的工作，我也经历了两次失业。

在事业和家庭面前，我一次次选择了家庭，放弃了事业。从此我的内心，对这个“铁饭碗”有了一种不安的感觉。

在待岗在家的日子里，我的心情低落到了极点，也不敢让我的爸爸妈妈知道，怕他们担心。这样的心情有时还无法得到先生的理解，只要他提到我不上班、不挣钱，我就会像发了疯似的对他咆哮！

无数个夜晚，我躺在床上，翻来覆去地睡不着觉，难道我的一辈子就这样了吗？我不想当全职妈妈！

没想到一个月后，我得到了一个面试机会，并成功地应聘上了这个岗位。第一天到办公室报到的时候，经理对我说：“我们要互相考察一段时间，你可以看下自己是否适合这个工作，我也看下你的工作能力能不能胜任这个工作，双方都有一个选择的过程。”

当时，我满脸带笑地答应了。但是等我从办公室出来，坐到工位上的时候，我的眼泪在眼眶里直打转，有种自己不被信任的感觉。

你以为我就这样消沉下去、一蹶不振了吗？当时，我坐在工位上想了很久，我不能因为别人的一句话就被打倒，我应该利用这一次的机会来证明自己。

因为那是个刚成立的部门，业务不多，所以我正好趁着这个时间多学习，有不懂的就向同事请教。投标的时候，我经常加班到深夜。埋头沉淀了3个月，我的工作能力终于得到了领导的认可与赞赏。年末的时候，我也获得了“优秀个人”的荣誉称号！但是只有我知道，在这些光鲜亮丽的背后，我付出了什么。那一年我在工作上的付出，抵得上过去几年的付出，我把全部的精力都放在了工作上。

投资自己的大脑，是人生最好的投资

工作已经走上了正轨，却不再是我想要的了！每当想到那两次的待岗经历，我在工位上就如坐针毡。我想：不能再在这个舒适区继续舒适下去了，我应该学一项技能，以抵御未来的一切风险，做副业的想法又一次在心里萌动。

机缘巧合的是，2023年2月13日，我在一个群里，看到一个人讲了一个她和思林老师的故事，这个感人的故事深深吸引了我。故事里的思林老师是那么的热心和善良，于是，我直接付钱加入了思林老师的百日陪伴社群！后来，又报了她的《21天发光计划文案训练营》。跟着她学习的时间越长，越被她吸引，所以她在招募弟子班学员的时候，我又一次心动了。还记得那两天，我在床上翻来覆去地睡不着觉。我一遍遍地问自己：“你每天这样忙碌，能够改变你的人生吗？如果没了工作，你还能干什么？你要当全职妈妈吗？”

我把自己问出了一身冷汗，我很清醒地知道目前的工作不能给我足够的安全感。**我要投资自己的大脑，让它越来越值钱，把命运牢牢地掌握在自己手里。我还想做孩子的榜样，让她知道，她有一个努力向上的妈妈、一个追求美好人生的妈妈。**

经过深思熟虑之后，我转了定金，等待思林老师的审核。你说巧不巧，就在我生日的头天晚上，师父打来了审核电话，只说了 9 分钟就审核通过了，异常顺利！

拜师以后，我的人生就完全不同了

学文案仅 12 天，我就出师了

2023 年 4 月 27 日，我生日那天加入了师父的百万私董会。进入私董会以后，首先要过文案写作这一关，师父手把手给我们修改。

我的作业每天都是第一个交，每天都被师父夸，师父还让文案写作没过关的同门向我学习，这给了我很大的信心和动力！

我对自己的要求更加严格，每写一篇文案，我都会大声读出来，反复修改，改到自己满意为止！就这样，我很快就出师了！

与谁同行，比要去的远方更重要

走出舒适圈，找到合适的同行者，也许你就能看到更美的风景，走向更远的“远方”。

自从进入师父的私董会后，我的内心每天都非常充实，不再精神内耗，收获了非常多的能量和动力！我也推出了自己的课程体系，现走出舒适圈，找到合适的同行者，也许你就能看到更美的风景，走向更远的“远方”。

在我坚持每天发表 10 条朋友圈文案已经 80 天了，也就是整整 800 条朋友圈文案。

这期间我还两次参与运营师父的将近 500 人的社群，由第一次的紧张到第二次的坦然，我感觉到了自己内在的变化，心里更有了底气。

你好了，世界就好了

自从学了文案写作，我更加会表达自己了，把文案写作应用到工作中，和同事的沟通更加顺畅，关系也越来越融洽。

更没想到的是，学了文案写作，我的夫妻关系和亲子关系也越来越好了。记得先生有天说："你没发现咱们的关系越来越好了，都不吵架了！"我心里暗自欣喜，那是我学文案写作的功劳啊！

2023 年暑假，小妞提出要去北京看一个明星的演唱会，并且她已经抢到了票，订了酒店，然后才对我说这件事。换作以前，我肯定会还没等她说完就打断她，并吼她，然后她就会用力一甩房门，大喊："我说什么都不对！"最终两个人闹得不欢而散。

但是这次，我很心平气和地听她说完，最后同意了她一人独自去北京，这是她第一次一个人出门。

这次，我学会了控制自己的情绪，站在她的立场想问题，然后心平气和地解决问题，我们的关系因此更加融洽了。

我觉得这一切都是因为我接触了文案写作。得益于写作，我才有了思想上的改变，才有了现在如此心平气和的我。

文案写作疗愈了我自己

更重要的是，学习文案写作疗愈了自己！我想在下半生，活出真实的自己！

当我每天写 10 条朋友圈文案的时候，就是我最高兴的时候，就好像在和另一个自己对话，我也看到了越来越优秀的自己！

人们常说，人生实苦，唯有自度。一个人在最艰难的时刻，能指望得上的往往只有自己！学文案写作几个月来，我的收获和成长突飞猛进，真的远远超出自己的想象！而且，我对自己的未来充满了信心，即使工作再次有变化，我的内心都无比的淡定与踏实。

请永远相信，你的人生还有更多可能

我没有想到，小时候的梦想竟然真的变成了现实，师父要带我们写一本书。

记得 20 多岁的时候，我读《小狗钱钱》这本书后，写下了三个愿望，其中一个是坐在电脑跟前，手指在键盘上飞舞，书写我人生的美丽篇章。

跟着师父，人生有了无限的可能。我一直觉得，我很幸运，因为每次在我落魄无助或迷茫的时候，我都会遇上我的贵人，而师父就是我下半生的贵人！

我真的特别感谢我师父，我们在不早不晚、刚刚好的时间相遇，她带我走进了文案的精彩世界！让我在面对未来的风险时，有了底气，让我也更加坚信真正的“铁饭碗”不在别处，而在自己手里！

余生，我要提高自己，把自己活成一道光，然后照亮别人！

改写

每个人都是宝藏，你也能闪闪发光

■ 琳达（Linda）

畅销书作家思林老师嫡传弟子

文案变现导师

资深美食摄影师

做自己，任何时候都不晚。你的人生，由你定义！

你好，我是Linda，一名普普通通的“80后”宝妈，同时也是一名文案营销导师。

接下来，你看到的这个故事，是一位妈妈通过自己的努力，过上了一手带娃、一手赚钱的生活的真实经历。

生活顺风顺水，我却焦虑了

我出生在农村，小时候家里很穷，经常吃不饱饭，但是父母并没有因为我是女孩不让我读书。父亲不分白天黑夜到处找活干，给我们姐弟三个凑学费。从小看到父母的艰辛，让我早早明白，读书才是唯一的出路，所以我拼命学习。

读高中时，我经常在宿舍熄灯后，打着手电筒躲在被窝里偷偷看书。我的成绩还不错，就这样一直按部就班地读书、工作、结婚、生子。

然而顺风顺水的生活在孩子上小学后，突然被打破了。因为我当时工作太忙，加班加点成了家常便饭，而老公比我还忙，家里的事根本帮不上忙。孩子那时刚上小学一年级，放学等着我给他辅导作业，但是我下班回到家都半夜了，时间一长，我和孩子都累到崩溃了。

孩子的身体不好，三天两头生病，让我焦头烂额。因为无法兼顾工作和家庭，我的内心特别煎熬。最后和老公商量后，我决定放弃热爱的工作，辞职做全职妈妈，毕竟孩子的童年，只有一次！

我畅想着当全职妈妈后的美好生活，可以边带娃，边在空余时间健健身、做做美食。刚开始的2个月，我确实过得挺开心的。

为了让孩子吃得营养健康，我每天早上6点起床，变着花样给孩子做早餐，每天在朋友圈发布不重样的早餐照片，引起很多好友的关注。可因为没有工作，没了收入，我花钱都没底气，一分钱恨不得掰成两半花，总是找老公要钱的日子让我慢慢没了安全感。

于是我开始寻求出路，有什么工作可以边带娃边赚钱呢？选来选去，我只能做时间相对自由的微商。

做微商，真的能赚到钱吗？

当时，我跟老公的一个大学同学一起做起了微商。刚开始靠着亲朋好友的支持，货卖得不错，我们还招了几个代理商，让我一度以为做微商也可以轻松赚钱。

于是，我用信用卡刷了 20 多万元进了货。本想继续在微商这个领域一展拳脚，可 2 个月以后，找我们咨询和开单的客户越来越少，甚至 1 个月都卖不了一单。

眼睁睁地看着产品囤在手里卖不出去，信用卡的卡债月月还要偿还，我发愁到整晚整晚地失眠，感觉眼前一片黑暗，不知道自己的出路在哪里。如果我不继续做微商，手里囤那么货，怎么办？下面的代理，又该如何向他们交代？

前方一片迷茫，我不知道下一步该往哪走。浑浑噩噩地过了几个月，最后我还是决定搏一把，花钱去学习。

学习，真的能解决问题吗？

我报名了一位老师的朋友圈文案课。那段时间，我每天从早上睁开眼，到晚上睡觉，脑子里都在想：文案到底该怎么写？常常一整天一整天地写，写了删，删了写，我总感觉自己写得不够好。我曾想过放弃，但是心里有个声音告诉我：一定要坚持下去，要不然囤的货怎么办？

就在我以为一切都会逐步走向正轨的时候，我的文案老师，居然改行去高校做老师了。接下来的日子，我像一只无头苍蝇到处乱窜。我报过各种课程，可越学越迷茫，零零散散的知识点根本不成体系，我不知道怎么用，非常着急。

这时我已经爱上了文案营销，我一定要在这条道路上继续走下去，特别想找个领路人。正是这个时候，我的微信朋友圈里有位老师吸引了我的注意。

有的人，遇到就是惊喜

我刚看到思林师父的微信朋友圈时，忍不住内心的激动，她的文案写得特别吸引人。我幻想着，如果我也像她那样文案写得那么好，还愁卖不出去货？招不到代理吗？

虽然思林师父当时在招募学员，但我内心还是有点不确定，我真的能学会写文案吗？于是，我一直默默地观察着她的微信朋友圈。

2021 年的最后一天，我想在新的一年重新开始，于是我拿起手机发信息给她，咨询私董会的信息。然后我如愿以偿地加入了思林师父的私董会。我当时的心情就像是在黑夜中看到了一盏明灯，内心充满希望和力量。

相信什么，你就会看到什么

一进入私董会，思林师父就手把手地帮我修改文案，细致到连标点符号都不放过。在她的指导下，我的文案写作水平突飞猛进，常常会有人和我说：“你的文案写得太好了，我每天都追着看，特别的温暖。”

我把学到的文案写作技巧教给团队代理，产品的销量越来越高。要是我早点学到这个技巧该多好！

因为我的文案写得好，经常有小伙伴来问我：“你开文案课吗?”于是我在学习文案写作6个月的时候，在一个不到50个人的微信群里，发售了我自己的课程，收了11名私教学员。几个月后，我批量发售了自己的年度弟子班课程。

在批量发售课程的整个过程中，我学到了3个最重要的财富密码，这里分享给你。

1. 获得学员的信任

报名我弟子班的学员，之前都听过我的群分享，已经从我之前的分享中收获很多价值，所以很信任我，愿意付费。

2. 你的分享，要和客户有关

根据客户的痛点和想解决的问题设计分享稿和发售的课程，这是售卖课程的关键！这样才能牢牢抓住客户的注意力。

3. 让客户无法拒绝你

让客户没有任何后顾之忧，让他们不用担心花出去的钱会打水漂，让犹豫的客户有下单的冲动，这样才能大大提高成交率。

除了赚钱，我还收获了更重要的东西

因为学了文案写作，我更能站在别人的角度看问题，跟老公和孩子的关系更和谐了。我学会了发现孩子的优点，经常夸奖他，孩子越来越自信，越来越愿意与我分享他的生活。

老公看到我的进步和成长后，让我做他公司的营销顾问，指导他如何激活朋友圈，彻底地利用手上的资源。

因为文案的神奇魔力，我发生了脱胎换骨的变化。同时，我可以通过文案写作去帮助和影响更多人。现在的我每天都很充实，内心充满了希望和力量。

特别感谢思林师父，她带我走进文案写作的大门，让我进入了一个崭新的世界，收获了闪闪发光的自己。同时，我也尽自己所能，用文案营销帮助更多人！

就像之前我看到过的一句话：人活着的意义就是影响他人，让他人因为你而变得更好！

人活着的意义就是影响他人，让他人因为你而变得更好！

改写

只要你敢想敢做，你的人生一定会逆风翻盘

■ 丹青

畅销书作家思林老师嫡传弟子

文案变现创业导师

个人品牌商业顾问

你永远不知道，自己拥有多大的潜能。但只要你敢想敢做，你的人生一定会逆风翻盘！

人生的意义不在于盲目追赶别人，而在于寻找自己想要的人生，只有活成自己喜欢的模样，你才能成为真正的自己！

从2021年开始接触个人品牌，历经2年，我没有取得任何成果，直到遇见她，我才从慌张迷茫变得笃定自信，成为闪闪发光的自己！如果你也想活成自己喜欢的模样，那么接下来的故事，一定能给你想要的答案！

逆风翻盘，改变人生之路

我是来自广东茂名一个小镇的“90后”女孩，连高中、大学都曾是我遥不可及的梦想，然而，我并没有向命运低头，在半工半读的努力下，最终我不仅顺利完成学业，还成了班里唯一的正式党员。在这个过程中，我发现了自己对舞蹈的热爱，并考取了相应的证书，进而成了一名舞蹈演员和舞蹈老师。

那段时间是我人生中的高光时刻，我曾受邀参加电视台的节目录制，也曾去香港参加比赛。原本以为我能一直专注于舞蹈事业，逐步打造属于自己的小天地，然而，生活却总是充满了无法预料的变故。

2014年，一场车祸让我与舞蹈失之交臂。迷茫中，我凭借一年的努力和坚持，成功进入了一家国有企业，成为一名销售人员。没想到，我在短时间内完成了一笔大单，迅速转正并晋升为渠道负责人，接着一个全新的机会又向我招手。

人生的意义不在于盲目追赶别人，而在于寻找自己想要的人生，只有活成自己喜欢的模样，你才能成为真正的自己！

一个沉痛的代价，换来幡然醒悟的人生

当时一家刚成立的公司连续一个月不间断地邀请我担任市场总监，我在深思熟虑后接受了邀请。公司在3年内迅速发展，从开始的几人发展到近百人团队。我成了公司运营的负责人，不仅背负着各种压力，还要面对领导的不理解。

在我最忙的时候，我却意外怀孕了，我不想放弃这个新生命。剧烈的妊娠反应对我又是一项考验，不仅饭吃不下，连饭菜味都闻不得，让当时只有92斤的我因为孕吐直接瘦了整整12斤。

尽管如此，我仍然坚持上班，因为当时的工作没有人能代替我。结果我却因此错过了与孩子的缘分，我痛得刻骨铭心！

当我被推进手术室，医生开始给我打麻药的时候，我的眼泪止不住地往下流。我用手摸了摸肚子，跟孩子做最后的道别，既有不舍又有无尽的悔意。

因为这个沉痛的代价，让我觉醒了。

换一种活法，寻找更多可能

经历了那件事后，我并没有一直消沉下去，而是开始积极探索。偶然间，我看到一本书，带我进入了一个全新的领域——知识付费。我才发现，原来人生可以拥有很多种可能，但进入这个领域之后，我深感自己的能力不足，陷入了无尽的迷茫和焦虑中，为了弥补自身的不足，我开启了疯狂学习模式。从打造个人品牌、副业赚钱、时间管

理、高效学习，到视频直播、视频剪辑等各种课程。

那时，为了听课学习，尽管工作繁忙，但我不会放过任何可以利用的时间，从上下班路上的碎片时间到回家带孩子的间隙，甚至连洗澡的时间都不会放过。

一开始，我以为自己一定可以拿到一个好的成果，但结果却是我看似懂得了很多道理，可并没有任何成果。我才发现，在知识付费这个领域，很多人都遇到了和我一样的问题。

直到我遇到一个人，她在课程里对我们说："所有的能力，都需要有一个抓手将所学的东西串联起来。"那一刻，她的话让我醍醐灌顶。她的出现，也彻底改写了我的命运！

遇见她，点亮我的人生之路

我口中的"她"，就是我的思林师父。她把她的主副业平衡得非常好。这样的她，用自己的能量帮助了无数人。在遇见她之前，我从未想过自己可以成为一名导师，更未曾预料到能够取得今天这样的成绩。自从遇到师父，我的世界开始发生翻天覆地的变化，让我从迷茫到笃定前行。

你知道我为什么要跟思林老师学习吗？早在2021年，我就认识她了，当时我们在同一个知识付费群里一起学习，她刚刚生完孩子不久。令我惊讶的是，她精通中、法、英三种语言，管理过500个社群，还带领过3000人的团队。这些让我感到很震惊！所以，当时我特别关注她。

然而由于当时我的主业正在快速发展阶段，我负责公司的核心部门和业务，因此不得不放缓副业的发展。直到2023年我再次遇到思林老师时，她的副业正蒸蒸日上，还带领了不少学员开启副业。所以，我毫不犹豫地加入了她的私董会。

加入了私董会后不久，师父就发起了“日更”10 条朋友圈文案的挑战，我通过“日更挑战”也开始了自己的文案之路。思林师父每天都耐心地修改和指导我的文案，直到我出师的那一天。所以，一个好的圈子可以带着你不断地进步，甚至推着你往前走。

师父每天都在用她的行动来鼓励我们、支持我们，带着我们一起成长！师父曾说过这么一句话，“我的，就是你的”。这句话让我更坚定了跟着师父学习的决心。

在思林师父的陪伴下，我变得更加坚定和自信。她的大爱感染着身边的每一个人，她的一言一行都为我们树立了榜样，让我们受益匪浅。

思林师父不仅教授我们知识和技能，还教我们如何做人做事。她每天为我们赋能、鼓励我们并支持我们成长。她是我的追求目标，我要紧紧跟随师父的步伐，努力让自己成为一束光，去照亮更多的人并影响他们。

文案，让梦想照进现实，让你拥有无限可能

选择比努力更重要！让我吃惊的是，我只在朋友圈分享了我学习与成长的历程，就吸引了小伙伴来报名私董课程。不仅如此，我后续在朋友圈发布“21 天文案发光计划行动营”课程时，同样吸引了好几名小伙伴报名，其中 2 名学员还升级成了我的私教学员。

有学员对我说：“因为你的认真，那种真心为别人好的心，真的特别好，遇上你是我今年最幸运的事！”还有的学员说：“在你这里我

学到了很多外面无法学到的知识，也因为你的人品让我感觉自己遇到了对的人。”

那一刻，我深深地感受到了文案的力量，我被看见了，我的付出也得到了别人的认可。这种感觉真的太奇妙了，它让我更加坚定了我未来要走的路！**文案不仅仅是一门营销技巧，它背后还隐藏着一整套营销体系。**

改写人生轨迹、实现弯道超车的秘诀在这里

最后想告诉你的是，我能实现弯道超车的秘密就是花时间深耕自己。在这里，我和你分享 4 个秘诀。

一、内观自己，让努力发挥该有的价值

问问自己：内心深处真正想要的是什么？向往什么样的生活？当你有了明确的答案，就要主动寻找与目标相符的圈子，因为跟对的人、做对的事、用对的方法，比努力更重要。

二、你想成为谁，就去靠近谁

靠近优质的圈子你可以遇到很多厉害的同频人，无论是提升自己的认知，还是学习技能，你都可以向他们学习。你想成为谁，就去靠近谁，这是通向成功的快速路径之一。

三、深挖一口井，才能厚积薄发

你需要脚踏实地学习一门赚钱技能，深耕细作，比如写作、设计、文案等等。你必须在某一个领域创造出无人替代的价值。

四、坚持长期主义，引爆更多奇迹

做时间的朋友，坚持、专注、不动摇，真正的“长期主义”不仅仅指长期做一件事，而是有自己的信仰和原则，坚持不断地做正确而重要的事。因为你自己的能力才是最好的产品，所以要把时间花在提升自己上。

最后感谢你看完我的故事，愿你也能活出真实的自己，遇见更好的自己，突破自己、成为自己。

因为你的人生，应该由你自己定义！

改写

从副业收入遭遇瓶颈，到出现转机，只因为我做了这个决定

■ 杨爱成

畅销书作家思林老师嫡传弟子

无痕成交营销文案轻创业导师

点燃内驱力英语学习规划师

你要坚信，最美的风景，永远在路上！

我是杨爱成，身边人都喜欢叫我杨老师。我的主业是某知名纸媒的平面设计，副业是一家晚托班的负责人，同时我还经营着一家线上花店，每年的大闸蟹季我也会出售自家人养的大闸蟹。可以说我是一个不服输、一直在折腾的“中年少女”。

2023年，一个偶然的机会让我遇到了“文案”这个词，从此爱上了思林师父这个人，也因此我又多了一个身份——文案营销导师。

看到这里，你一定以为，我一路顺风又顺水，但事实却不是这样的，下面请你来听听我的故事。

一波三折的求学路，锻炼了我坚强的意志

我出生在农村，离家最近的两个镇都在7公里以外。我的小学就在村里上的，所以在我上初中之前，我去镇上的次数一只手都能数得过来，就连油条，对小时候的我来说都是极其奢侈的食物。

小学一毕业，妈妈受旧观念影响跟我说，“女孩子读书好，不如嫁得好”。后来，因暑假我在棉花地里除草晕倒了，这才上了初中。初中3年，我比同班的孩子都刻苦努力，常常挑灯夜读，因为我知道，要是我的成绩不够好，等着我的就只有“面朝黄土，背朝天”的生活。

17岁那年我去市里参加中考，第一次坐汽车、第一次住宾馆、第一次吃大酒店的饭菜，我就像刘姥姥进大观园一样。从那时候开始，我就萌生了一定要去城市生活的念头。

中考成绩出来后，妈妈面对昂贵的学费却犯愁了，她再次要求我停学。这一次我苦苦地哀求妈妈，最终爸妈还是心疼自己的孩子，不想我错失这来之不易的机会，一咬牙，拿出家里所有能凑到的钱，

你要坚信，最美的风景，永远在路上！

支持我完成了学业。

我学的是会计电算化与审计专业。在校3年，只要能考的证书我全考过了，我每学期都能得到奖学金，我的成绩在班上也是名列前茅。可临近毕业，在我找工作的时候，应聘人员的一句话“我们只招有会计从业经验的人”，直接把我打到了谷底。

坎坷的工作之路，见证了我一路的成长

一毕业，我就被舅姥爷安排到体制内当文员，不过是合同工。我好不容易通过努力得到了转正的机会，这个机会却被刚进单位的领导的关系户给顶替了。于是，我在街边找了一份打字员的工作，可刚干完3个月的试用期，我又被老板辞退了。当时的我年轻气盛，经不起打击，消沉了2个月，直到实在没钱了，才抛下面子到远房表姐的公司打杂。没想到公司里复杂的人际关系、做不完的琐碎事情，反而让我飞速成长了，我学会了平面设计。

后来我成了某知名纸媒的首席平面设计师。这份工作我做了整整19年，现在仍是我的主业。独当一面后，我的工资涨了10倍，所以，千万不要放弃任何一个学习技能的机会。

遇见老公后，我又多了一份工作，那就是纸媒的广告专版承包商。承包专版广告这件事，起初是我给老公出的主意，他当时是报纸广告业务员，结果第一年的中介专版就让我们亏了7000元。

老公打起了退堂鼓，不肯继续做这个生意

现在想来，人的潜力真是无穷大。当时为了我和老公共创的事业，我利用工作之余挨家挨户打电话，一肩扛起了所有的压力。但这

些压力让我再一次成长了，拿下了一个又一个客户，第二年就让我们的公司扭亏为盈。

过了 5 年幸福且安稳的日子，领导受多方压力，要求我们制作成本巨大的汽车品牌专版，本以为这次我们又要亏本了，没想到我们最后绝处逢生，并因此迎来了我们这项事业的巅峰时期，不仅一周就盈利了 7 万元，还做了轰动全市的大型活动。可是好景不长，那个站在风口，猪都会起飞的时代，在 2015 年逐渐落幕。

如果说我的前半生是因生活所迫而被动选择，那我的后半生就是为了理想而自动选择。

2016 年 5 月，受前同事邀请，我从媒体行业转去了教育行业。

我深知如果孩子没有好的学习习惯，仅仅靠一周一次的补习，对提高成绩没什么大的作用，所以我在人人都追求利润最大化而做教培、大班托管时，做起了 5～6 人的精品晚托班。但疫情那几年，我们的培训机构关关停停，老师资源变得极其不稳定，加上儿子初二下学期成绩下降得非常厉害。所以在 2021 年下半年，我辞退了 5 名老师，清退了大部分学生，只留下 4 个二年级的小朋友，一心助力儿子中考。2022 年 6 月，儿子不负众望，最终顺利地考上了高中。这时，我脑子里一直绷着的那根弦松了，人也闲了下来，整天除了工作就是看看电视剧。

到了 2022 年 12 月底，因为疫情，我们的培训机构停了课。这时我除了每天 1 个小时就能完成的平面设计工作外，所有的时间都空了出来。这让我焦虑不已，站着烦，坐着烦，躺着更烦。

遇见文案，打开了我的认知新天地

2023 年 1 月 10 日，我报名了一个教文案写作的课程，一进微信群老师就布置了每天发布3条朋友圈文案的任务。可我的作业第一天就没过关，这点燃了我的好胜心。刚开始的几天，我一睡醒就想怎么写朋友圈文案，有时到了晚上快交作业的时候，我还是没有思路，那样的日子真的是既煎熬又充实。

终于遇上了我的“女神”

2023年2月14日，我进了思林师父的社群开始学习如何写作文案。过了几天，一起学文案的2位小伙伴都报了师父的弟子班，可我还想再观察观察。

到了3月，师父推行了免费进私董会学习一周的活动，我立刻申请了，就此加入了师父的私董会。3月26日，我报名了师父的《21天文案发光计划5.0》，和师父通话后，让我想更贴近师父学习，想加入师父的弟子班。我把这个想法告诉了一位师姐，她说：“我觉得进入一个可以推动自己成长的圈子，会被其他人带动着坚持下去。一群人做同一件事，比一个人坚持更容易出成果!”

师父在弟子班里不仅手把手地教我们文案相关的技巧，还教我们做人做事的礼仪，师父常挂在嘴边的话就是，“我的就是你的”“只要你需要，我一直在”。

学习文案写作的这几个月，我成长得很快，现在我将我的收获分享给你，希望对你有些许启发!

突破内心的恐惧，终于敢开车上路了

我的驾照上显示我已有11年的驾龄了，但我一直不敢开车。进了思林私董会后，看到身边一个又一个的励志故事，我鼓起了勇气，坚持练了一个月的车，终于可以开车了。现在出行，我都是自己开

车，非常方便。

一个微习惯的改变，让我终身受益

以前，我是一个能躺着绝不坐着、能坐着绝不站着的人。进了思林私董会后，看到一个个师兄弟姐妹，运动养生样样精通，于是我开始每天快走。同样的路程，起初我要走 2 个小时还满头大汗，现在我 1 个小时就可以走完，身体明显健康了许多。

神奇的文案写作思维，改善了我的家庭关系

以前，我总要求家里人都按照我的想法行事，老公说我太过强势。别人一旦没有按照我的要求行动，我就会喋喋不休，可我从没意识到自己的问题。学习文案写作后，我才知道“允许别人做别人，允许自己做自己，千万别双重标准”，才是维系人与人之间关系最好的方式。

跟妈妈的关系，我采用了多倾听、少纠正的方式。我了解到了妈妈内心的孤独，就帮她联系上了那些她很想念的人，妈妈的心情因此变好了，也更能理解我了。

跟老公的关系，我采用了使劲夸的方式。老公立刻从行动上回馈了我，常常给我买我喜欢的东西，我们的关系越来越好了。

跟儿子的关系，我采用了照镜子的方式。用自己的努力上进引导儿子对学习产生兴趣。我坚信，只有自己变得优秀，才能让孩子也优秀。

故事的最后，我想再次感谢我的师父——思林老师。这几个月，在她潜移默化的影响下，我变得越来越好了。

如果你一直想改变，但又不知从哪开始，那我劝你可以试试文案，它的适用范围太广了，所以，文案这项硬核技能，学习它准没错！

改写

一个内向的农村女孩，如何拥有主副业共同开花的逆袭人生

■ 一舟

畅销书作家思林老师嫡传弟子

心达文案创始人

个人品牌轻创业导师

把每一个逆境当成你人生的跳板，你就已经赢了！

我是一舟，一名普通的“80后”二胎宝妈。读完我的故事，你就会相信你的生活是由自己掌控的！

穷人家的孩子，上学都是奢侈

我出生在湖北荆州一个特别贫穷的家庭里。我们平时只有自家地里种的萝卜青菜吃，有时候一个月都吃不到一口肉。爸妈为了赚钱手上满是老茧，肩膀因为挑担常常肿着，妈妈甚至因为不堪腰痛只能跪在地上种菜。

我从小看着父母的辛苦，就想和其他小朋友一样外出打工，可父母坚持让我上学，因为只有读书才能改变命运。

于是我在父母举债供养的环境下，艰难地熬到了大学毕业。

“终于我可以自己赚钱了！我也有能力让父母好得过一些了！”我永远都记得自己在毕业当天，我这个埋藏在心底又不好意思跟身边人讲的梦想。

从可有可无的文员，到部门顶梁柱

我学的是电子信息技术专业，后来兜兜转转进了一家私企，做起了文职工作。

作为村里难得的大学生、家人眼里的骄傲，我怎么甘心只是在办公室里做一些可替代性非常高的工作，我转行做了销售。我们公司的客户主要是日企，于是，只要有日本客户的地方，就能看到我的身影。我总是随身带着一个笔记本、一台小型电子词典，还买了几十本日语学习资料和书籍。我从零开始学习日语，到现在可以非常流利地和别人用日语交流。我的工作能力也渐渐得到了领导的认可，成了部门的顶梁柱。

正当我以为前途一路光明的时候，生活却又给了我重重一击。

光鲜亮丽的背后，是你看不到的艰苦

真正开始做日语翻译之后，身边很多人都羡慕我有这样一份体面的工作。

但手上的项目让我根本应接不暇，再加上为了应对客户事无巨细的完美主义，让明明只有 25 岁的我看起来却像 35 岁。

我的身体开始经常酸痛得睡不着觉，可去医院检查又查不出什么问题，就这样持续了 1 年多，在我想辞职的时候，老天又给我了一次机会。

人生要出现转机，就不要放过任何一个机会

我认识了我人生中的贵人——思林师父！

当时，我正对未来充满焦虑的时候，在同学的朋友圈里看到了师父的课程海报。在迫切想要改变现状的心情下，我直接报名进了她的训练营。

我发现原来看似简单的文案背后，居然有这么强大的思维背景、营销体系。而师父的人品与韧性让我更加坚定地想跟她学习。从师父的朋友圈可以看到她已经坚持 2 年多每天更新至少 5 条原创的朋友圈文案。而且她总是毫无保留地将自己所学分享给学员们。

看到她对学员如此负责，做事情也有着清晰的规划，我决定报名思林师父的私教课，后来又升级加入了私董会，成为她的嫡传弟子。

一切结果，都是因为文案

结缘文案以后，让我有了文案思维，现在的我做事总是有条不紊、井然有序，很多事情一眼就能看透其本质。

文案也让我看到了外面更精彩的世界，更多人生的可能性，也让我更加自信。

只要不下牌桌，你永远都不算输

讲到这里，我希望正在看此书的你，不管想做什么，都不要轻易放弃。

在这里我分享几点自己的经验，供你参考。

努力走出你现有的圈子

有时候你想要突破自己，不仅仅靠自身的努力，身边的人也很重要，所以要多向上认识优秀的人、优质的圈子。

要持续地努力

任何成功都是一个持续性的过程，就像我师父，她已经坚持写原创朋友圈文案 1000 多天了。

吸引力法则——你不相信的事，永远不会发生在你身上

最后一点，看起来有些老生常谈，却是真理：只有先相信，才能

被看见！别人能做到的事，为什么你不可以？

写在最后

追求梦想的路上，人人平等！只要你想，没有什么不可以！

感谢我人生中的贵人——思林师父，也感谢你看到了这里，希望我的故事能给你的人生带来新的机会与信心。愿你每天进步一点，早日遇见那个最美最“飒”的自己！

追求梦想的路上，人人平等！只要你想，没有什么不可以！

改写

永远年轻、永远热血沸腾，是人生本该有的样子

■ 梧桐

畅销书作家思林老师嫡传弟子

文案写作教练

读书博主

命运不会辜负每一个努力奔跑的人。

我是梧桐，是一家世界500强企业的销售经理，多次带领团队获得我们公司大区的销售冠军，也是思林师父的嫡传弟子、一名文案写作教练。

下面，想跟你分享我的故事。

人生，从外打破是压力，从内打破是成长

我是一名“小镇做题家”，凭着自己的努力考上了大学。虽然自己酷爱写作，却阴差阳错地学了会计专业。毕业后，我回到小城，进了一家世界500强企业，日子过得顺风顺水。

30岁那年，突然不想过这一眼就能望到20年后的日子，我想跳槽到一家在沿海城市的国企，却因为孩子太小，家里人不同意，因此放弃了这次机会。可是这一次的经历在我的心里埋下了一颗小小的种子，终有一天，我要走向更广阔的世界，过上自己想要的生活。

此后的日子，我努力工作，用心培养一双儿女，直到把他们送进大学。工作上，我的业绩也节节攀升，一举拿到本系统全国百佳。可是，由于过度的劳累和巨大的压力，有一天，我在工作岗位上晕倒了。

当我被救护车送到了医院，在急诊室冰冷的床上醒来时，有个声音在心底虚弱地说：“这不是我想要的生活。”这一次生病，让我休养了近半年的时间。身体渐渐康复后，我回到公司申请换了个工作岗位，工作压力和工作强度没有那么大了，可我的收入也跟着锐减。

更年期综合征也在这时找上门来，我的内分泌紊乱、免疫力低下，心情逐渐焦虑，人也变得暴躁而没有耐心。各种身体、心理上的

不适差一点将我打垮。

人在没有醒悟的时候，每个阶段都可能走许多弯路

2020年，有一段时间，我天天躺在床上玩手机，感觉自己无所事事。直到有一天，我突然警醒，问自己，难道你打算就这样浑浑噩噩地活下去吗？

我的脑海里有个声音说，你不能就这样碌碌无为地活着。我开始大量读书，并开始了知识付费学习。

我报了各种课程，3年时间，我付出了大量金钱和时间，却没有拿到什么成果，这让我想放弃了。但不服输的我还是准备最后一搏。毕竟你现在遇到的所有困难，都会为后来的坦途增加了一点可能性。

让你命运的齿轮转动起来的人，一定要牢牢抓住

直到有一天，我认识了思林老师，我才发现还有教授文案写作的这类课程，才知道文案的世界这么精彩。于是我马上报名了她的课程，并深入地观察了思林老师一个月，从人品到授课内容，我发现她每一方面都值得我好好学习。自此，我就对思林老师大为折服，我认定她就是我今后要跟着一起学下去、走下去的人。于是我又报名了思林老师的私董会课程。

还记得，思林老师打电话来审核的那一天，我还有点忐忑不安，等我们通话后，我才发现我俩如此同频。

好的文案课，教给你好的底层逻辑

在思林师父这里，我学到的不只是文案，而是整个文案营销系统，这些知识让我对营销有了全新的认识。混沌大学曾有一句话，“没有好的思维模型，再多的知识积累也是低水平的重复”。

想要弄清楚什么是营销，找到营销背后的“第一性原理”至关重要。

刚开始写文案时，我也经历了一段“憋文案”的过程，经常苦于没有素材可写。自从上了思林师父的课，我学会了找准客户痛点和需求，开启了专业的朋友圈文案写作。

经常会有人问，现在的朋友圈还有人看吗？其实越来越多的个人IP想做大做强都是把公域平台的流量引到私域平台上来。不是朋友圈没人看，而是很多人没有用好的方法打造自己的朋友圈。

好的文案，就是你最好的广告牌。在大部分行业里，文案都是向外宣传产品的抓手，是加深客户了解和信任你的产品的武器。当你慢慢把文案写作内化成自己的体系并坚持下来，相信你未来的收获是巨大的！

结语

自从学习文案写作以来，我发现自己变了。文案写作给了我积极的能量，让我实现了自己的价值；文案写作治愈了我的焦虑，让我重新找回了年轻的心态和眼睛里的光。

杨紫琼在获得奥斯卡最佳女主角时，发表过一段获奖感言，她说："不要让任何人去对你下定义，说'你年华已逝'，永远不要放弃。"所以，**任何年龄都是最好的时候，不要被他人裹挟，不要给自己设限，不要让梦想搁浅，勇敢绽放，人生由我。**

永远年轻，永远热血沸腾，在寻梦的路上找回自我和初心，成为自己最好的样子！

永远年轻，永远热血沸腾，在寻梦的路上找回自我和初心，成为自己最好的样子！

改写

梦想不会发光，发光的是追梦的你

■ 瑞瑞

畅销书作家思林老师嫡传弟子

资深文案写作导师

互联网连续 **6** 年创业者

你要尽自己最大的努力变好，你要变成自己想象中的样子，这件事一步都不能让。

你好，我是瑞瑞，一个两个孩子的妈妈。

出生在潮汕农村的我，没有显赫的背景和学历，高考失利，大学辍学。

通过 6 年的时间，我从“被人嘲笑是没出息的姑娘”成为大家都敬佩的“文案教练”。

今天，我把自己的故事分享给你，告诉你我是如何通过文案写作改写了自己的命运，希望我的故事能为你打开一扇门，看到更大的世界。

适应平凡，但不甘于平庸

我在读大学时，因为家庭的一些变故，选择了辍学走入社会。我喜欢《超级演说家》冠军刘媛媛的一句话：命运给你一个比别人低的起点，是想告诉你，让你用你的一生去奋斗出一个绝地反击的故事。

2016 年，我一个人来到了深圳，我的第一份工作是珠宝销售。刚入职的时候，我的工资只有 2000 元，那时候我正处在最美好年华，爱美的我曾经也幻想以后工作了就赚钱给自己买好看的衣服、包包和化妆品，可事实是我连给自己买一件 100 元的衣服都舍不得。

珠宝销售让我看到了人生百态，在柜台上对客人笑脸相迎，可面对客人的刁难，泪水只能往肚里咽，还有同事的排挤，这些困难让我无数次在背地里偷偷地哭。可是我咬牙坚持下来了，1 年时间内就做到了销售主管的位置，工资比以前多了，一切似乎都在慢慢变好。

但是因为我经常出差，作息不规律、三餐不定时，我的脸上开始不停长痘，每次别人异样的眼光都让我很难堪。透支的身体让我下定决心要改变！

有绝地反击的勇气，才能冲破迷雾，迎来柳暗花明

我因为自己的护肤需求购买的护肤产品调理好了痘痘，于是我顺理成章地成了这个品牌的经销商。我辞掉了工作，开始全身心地投入这份事业，却被身边的人说我“不务正业”“赶紧去找个班上”“一个小丫头创什么业”。无数不看好我的声音不断在我身边响起。经过艰难的思想斗争，我决定不管能不能成功都要试试。

从 2017 年到 2022 年，我在微信创业，靠着经营朋友圈，我从零开始不断地吸引客户，带出了自己的千人团队，赚到了人生的第一桶金。

很感谢 20 多岁的自己，坚定了心中的创业梦，才让自己的人生有了更多的经历。

创业期间，我走入了婚姻，成为两个孩子的妈妈，家庭是我最坚强的后盾。

可就在我生活越来越安稳的时候，发生了一件事，让我的生活再次失去了安定。

从零开始需要勇气，而我从来不缺少勇气

2022 年是我人生中很重要的一个转折年。这一年我怀了二胎，同时因为新冠疫情的反复让团队的产品销售进入了瓶颈期，我的团队

里大多数都是普通的宝妈、上班族和学生，没有足够人脉，也没有较大的影响力，传统的卖货方式遇到了巨大瓶颈，大家的收入一天不比一天。在风口红利时期，依赖平台，大家能赚到很多钱，可离开了平台，我们该何去何从？我陷入了深思：我该如何挽救自己的团队？我尝试了各种方法，可都收效甚微。又因为怀孕精力不够，我经常辗转反侧难以入睡，陷入了迷茫之中。

迫不得已，我选择了轻装上阵，离开了曾经的商业赛道。放弃团队后，经过自我调整，我重新认识了自己，重塑内在力量，也给自己做了一个决定：**做一件有价值、有复利效应的事业，活出自己的不可替代性。**

因为热爱而坚持，因为坚持而更加热爱

为了拓展我的认知边界，掌握更多技能，我开启了知识付费学习之路。

就这样，我开始兴致勃勃地学习打造个人品牌。我结识了很多优秀的伙伴，可看到别人的成果，我更加焦虑和迷茫了，我报了很多课程却依然找不到自己的定位。

2022 年 8 月，有一个人出现在我的生命里，我的思林师父！我毫不犹豫地再次付费，跟着她学习文案写作。

师父的《21 天发光计划》让我重新找到了激情和能量。我按照师父教的方法，用心写每条朋友圈文案。在我的努力下，我的产品销售逐渐上升。我感受到了文字的巨大魅力，对文案着了魔。学习文案 3 个月后，我结合自身的私域运营经验和文案营销成交系统，产品销量大幅上升。

用三大智慧锦囊，撬动你的人生杠杆

在文案创富的路上，我把我学到的三大智慧锦囊与你分享：

一、“道术”兼修，以终为始

一开始学习文案写作，我以为只是简单地学方法，可是进到思林师父的私董会，师父教了我更多修身养性的方法。赚钱固然重要，但人格魅力才是衡量一个人能否走得更远的核心，“道术”兼修才能成大业。因为，有道无术，术尚可求也，有术无道，止于术！

二、用故事吸引客户

在营销时，我们要学会卖故事，而不是卖产品，我通过在朋友圈讲自己的故事、客户的故事以及团队的故事，吸引了很多客户来咨询。就像董宇辉在直播间经常讲的开场白：“我跟你讲一段故事啊，买不买无所谓。”卖玉米时，他声情并茂地回忆了孩童时期；卖虾时，他说起母亲悄悄把饺子堆满冰箱；卖地球仪时，他说星辰大海才是属于人类的终极浪漫。

他的每一句话都是通过自己的故事来展现他对生活的热爱、他的价值观，从而撩动用户的购买欲。

三、深耕你的专业，在困难中保持初心

在文案路上，我经历过创作疲乏期，经历过灵感枯竭，经历过别人的是非言论……但是，我依然不停止奔跑，屡创佳绩，这都是因为我做对了两点：

改写

（1）“闻道有先后，术业有专攻”，无论时代怎么变，足够专业是一个人的核心竞争力。在自己的领域中做一个孜孜不倦的攀登者，构建自己的知识价值体系，深耕自己才能有收获。

（2）在工作中会遇到很多困难，但保持初心，保持对自己事业的热爱，那么，你就一定会不断绽放属于自己的光芒。

撒贝宁在《开讲啦》中曾讲道：“如果命运是世界上最烂的编剧，你就要争取做自己人生最好的演员。”

生活本没有一纸蓝图，更没有标准答案，请你肆意地创造属于自己的光辉岁月！

生活本没有一纸蓝图，更没有标准答案，请你肆意地创造属于自己的光辉岁月！

改写

遇见文案，你的人生会有更多可能

■ 若亭

畅销书作家思林老师嫡传弟子

文案写作教练

资深课程顾问

掌握一门技能，就是最好的铁饭碗！

别人眼中的“学霸”，也不过如此

我出生在一个普通的工薪阶层家庭，我从小就努力学习，一直是大家眼中“别人家的孩子”。

到了高中，我考入了全校唯一的文科重点班。但进入重点班后由于不适应新环境，我的成绩开始退步，经过一次又一次的考试，我的排名逐渐下滑。等到高考的时候，我的分数只够报考一所二本大学。妈妈的心理落差特别大，她觉得以我的实力肯定可以考上更好的大学，所以她想让我复读一年，明年再考一次。

生活了5年的城市，我决定离开了

我放弃了复读，进入了那所妈妈并不满意的大学。

经过4年的学习，毕业后，我通过层层考核顺利地加入了一家外企上市公司。在这里，我每天都能学到新东西，也知道自己事业未来的发展方向，但我的工作是处理客户的投诉，经常有顾客在商场里大吵大闹，严重影响商场的正常营业。对于一个刚毕业不久的大学生来说，我在面对这种情况时，常常不知道该如何处理。而且这里离我家太远，让我一直非常想家。于是，第二年，我离职了，不仅离开了这个公司，还彻底地离开了西安——这个我生活了5年的城市。

经过深思熟虑，我决定做一名“北漂”

经过慎重的考虑后，我坐上了去北京的火车，成了一名北漂。北漂并不容易，我最开始借住在同学的出租屋里，后来才住进自己的出租屋。误打误撞进入了公关公司，我从客服专员一路晋升到客服经理，收入不断上涨，生活忙碌又充实。

在这个时候，我开始规划自己的职业发展。我想开始尝试副业，用学到的知识指导别人如何进行职业规划。就在我的主副业都经营得风生水起的时候，我遇到了我的另一半。然后我做出了一个让家里人都反对的决定，我又一次辞职了，不仅离开了我喜欢的公司，还离开了我热爱的城市。为了爱情，我跟着男朋友回老家结婚，然后定居在了那里。怀孕、生娃、带娃，一晃就是 2 年，这 2 年我变成了一名全职妈妈，日子过得简单平凡。

北京，我又回到了这个熟悉的地方

可由于老公工作重心又变回到了北京，这 2 年我们几乎都是异地生活。经过慎重的考虑，我又回到了北京。以前公司的部门领导听说我回北京了，特别开心，并让我重新回到公司上班。

回到公司后，我发现公司的业务更广了，福利待遇也很好。然而，工作了 3 个月后，我仍无法适应公司的“加班文化”。我们明明每天六点下班，但即便大家手里的活都干完了，也要拖到七八点甚至更晚才离开公司。

公司距离我住的地方非常远，每次下班回到家，都已经到晚上九十点钟了，看着已经熟睡的孩子，还有劳累了一天的婆婆，我心里特别不是滋味。于是，我换了一家离家走路只需要十分钟的公司，并且做了我一直都不敢尝试的工作——销售。

这是一家早教机构，对于完全没做过销售的我，有太多的挑战。不过让我没想到的是，我第一个月的业绩竟然有九万多元，这个业绩让我提前转正了。而我的动力来自公司的一条规定，只有转正员工的孩子才能免费上我们公司的早教课。

到了第二年，我多次成为公司的销冠。就在我信心满满，规划第三年的业绩目标时，却因为孩子的上学问题，又要回到老公的老家。回到他的老家后，我重操旧业，继续在教育培训行业摸爬滚打，正在我努力适应的时候，公司却因为疫情多次停工。

迫不得已，我开始走上个人品牌之路

公司的状况让我越来越意识到教育培训行业太难了。于是我开始探索个人品牌，付费跟着网上找到的导师学习。

我用老师教的方法寻找自己个人品牌的定位。可是在实践过程中，我的内心总是提不起兴趣。

就在我迷茫的时候，我通过一场直播认识了思林师父，她在直播中说的话让我眼前一亮，我觉得这就是我想要的个人品牌的定位。于是，我果断加入了师父的 21 天训练营。在学习过程中，我每天听课、做笔记、复盘、吸收、实践，而我的复盘经常被师父夸奖。

学了文案写作之后，我收获了更好的人生

自从学了文案写作以后，我收获了很多：

改写

第一，我开始关心客户真正想要什么，我的产品如何满足他的需求，如何提供适合他的解决方案。

现在，我主业业绩在大环境并不太好的情况下竟然翻倍了。就是因为我学了文案写作，有了用户思维，知道了如何吸引客户。

第二，跟着思林师父学习文案，我更懂得了如何与人交往、如何维系与客户的关系。

不管是你想要提升销售业绩，还是打造个人品牌，文案写作都是必备的能力。未来我希望自己能够通过文案帮助更多的人！

不管是你想要提升销售业绩，还是打造个人品牌，文案写作都是必备的能力。

改写

全职妈妈也有春天，40 岁的我重获新生

■ 燕香

畅销书作家思林老师嫡传弟子

潜意识文案创富系统创始人

个人品牌商业顾问

你相信吗？一个曾经 10 年没有工作的全职妈妈，居然成为一位专业的文案写作导师？

接下来就让你看看我的故事。

从小没有妈妈，早早辍学，臣服于命运

我是燕香，从小出生在农村。由于家中严重的重男轻女的思想，妈妈不堪生了 6 个女儿的压力，一时想不开，选择了轻生。她在我 5 岁那年就离开了我们，我们姐妹就成了没妈的孩子。

爸爸是个泥瓦工，靠打零工养家。家里是土砖屋，一到刮风下雨，糊在窗户上的塑料薄膜就会呼呼作响。

家庭的拮据导致我们一年到头很少有肉吃。作为家里的老大，我放弃进入县里初中继续读书的机会，主动辍学，想早早打工以减轻父亲的压力，也想让妹妹们过得好一点。可因为没有学历、没有手艺，我只能做最累最脏的活，收入也不多。

在我人生的前 19 年，我真的过得比同龄人苦太多了。就在我 20 岁那年，我的贵人舅舅要我去长沙。于是我带着 2 年来外出打工存下来的 800 元，来到了我现在定居的城市——湖南长沙，开启了我人生的新篇章！

“躺平”后的人生，真的不快乐

在长沙工作后，虽然我的工资多了，但我把每个月赚的钱都存起来了。后来，经舅舅介绍，我认识了老公，就和他结婚了。2006 年，我生下了女儿，一边上班，一边照顾公公（公公在女儿不到 3 岁时就

中风了）。我觉得日子还算过得去。我在政府部门上班，每个月有 800 元的工资，也有保险，没有什么别的压力。我就这样躺平了十年。

直到 2014 年，二宝的突然到来打破了我平静的生活。而老公的工作当时也有变动，我因为生了二胎辞职了，家里的收入一下又少了一些。

经济方面的压力让我开始不快乐了，我决定“重出江湖”。

一路折腾，一路成长，一路蜕变

那一年我已经 32 岁了，通过朋友介绍的减肥产品，我决定从这个产品开启我的创业生涯。这个减肥产品的效果不错，我也慢慢赚了一些钱。但我想增长产品的销量，于是，接触到了知识付费领域。

我如饥似渴地学习，直到遇见了思林师父。

我在网上看到一个 1 元的公开课链接，没想到，就这一节公开课，我就被思林师父的才华吸引了！

于是，我果断报了师父的线下拆解课。过了好几个月，我在一个师姐的推荐下，又报了师父的《21 天的发光计划》，参加了那次文案写作训练营后，我就更加笃定要跟思林师父继续学习的想法了。所以，我又加入了思林师父的私教课。师父详细的课程系统让我学得又快又扎实，并且在师父一对一地指导下，我很快就出师了。

真的非常感谢思林师父无私的给予。因为遇见师父，才让平凡的我可以创造不平凡的人生！

人生翻转，我做对了什么？

首先，哪怕起点很低，但永远不要放弃！持续地投资自己，才能让自己不断进步。

其次，永远真诚，永远脚踏实地！真心地对待身边的每一个人，真诚地帮助他们。

最后，心怀感恩之心，把每一个帮助过我的人都放在心里。

在未来的日子里，我要帮助更多的人，让文案写作成为他们成功的起点。

持续地投资自己，
才能让自己不断进
步。

改写

学习文案写作，让我的销售额持续上升

■ 张宁宁

畅销书作家思林老师嫡传弟子

10 余年教育机构营销运营负责人

无痕文案成交系统导师

私域社群批量成交操盘手

现代管理学之父德鲁克说过："只有发挥优势，才能真正卓越。人不能依靠弱点做出成绩，从无能提升到平庸所要付出的精力，远远超过从一流提升到卓越所要付出的努力。"所以，专注于你的长处，对于提升自己大有裨益。

见字如面，我是张宁宁，是思林老师的嫡传弟子。接下来跟你说说我的故事。

突出的工作成绩，难抵自己内心缺失的成就感和价值感

我的主业是教育，我在教育行业深耕10余年，是本地龙头企业下其中两个校区的运营负责人。每天工作内容：引流、营销、成交转化、运营。我带领团队从零做到区域业绩第一，并且我们团队每个季度都是区域销售冠军。我每做一场年度活动，都会引发热议，因此，我经常被老板和同事夸赞有营销天赋。

可我虽然招来了很多学员，但每个老师的教学能力参差不齐，有些能力比较差的老师就会导致学员流失、学校口碑受损，这让我的工作非常被动。有些下属的能力不行，我却无法换人，这让我对自己的工作常常有种无力感。随着这类事情逐渐增加，让我开始考虑自己要不要辞职。

人到中年，充满迷茫和焦虑。夜深人静时，我常常问自己，难道自己的人生就一直这样被动下去了吗？我常常在想，等我岁数再大些，公司不要我了怎么办？离开了公司，我还能做什么？

然而，让我终生难忘、更加煎熬的事情，还在后面。

专注于你的长处，对于提升自己大有裨益。

突如其来的变动，一夜之间让我跌入谷底

一场突如其来的变故让我所在的平台遭受了重创。那个时候，我每天想的就是：如何让公司活下去。

这让我体会到，有一份副业是多么重要。

命运指引，转战文案领域，迎来了事业的转机

于是，我在 2019 年开始接触知识付费这个领域。那个时候，我每天下班后不是忙着辅导孩子学习，就是学习各种各样的课程。现在想想，当时的自己完全是病急乱投医，什么课程都学，根本没有方向和体系。

这种没有方向的学习直到我认识了思林老师才结束。有一天，我在朋友圈看到一个曾经一起参加过某个课程的小伙伴，在跟随畅销书《文案破局》的作者思林老师学习文案写作。

于是，我通过她的朋友圈加了思林老师的微信，还买了她的基础课程，学成后，我将文案写作、营销方式和社群结合成一套营销组合拳在线上发售，让我的客户成交量大幅增长。亮眼的成绩一下子吸引了同事和领导的注意，他们都很惊讶我是怎么做到的。领导更加器重我了。

我跟着师父学习，不但学习了文案写作，还学习了她如何做人，她的身上有太多值得我学习的地方。

我经历了事业的起起落落，如今强大了很多。跌跌撞撞这几年，

我有两个成长秘籍分享给你。

一、想解决什么问题，那就去帮助有同样问题的人

在帮助别人的过程中，我也能找到解决问题和提升自己的方式。通过手把手地帮学员改文案，也提高了我自己的文案逻辑能力、营销能力，于我今生都是财富。

成长是动态的，是最迷人的！

二、聚焦自己的优势，并不断深耕

当一个人充分地了解了自己的优势、工作方法和价值观，并做好随时抓住机会的准备时，成功就是水到渠成的事了。知道自己成长方向的人，一定可以创造出优异的成绩。所以，找到自己的长处并持续深耕这方面，是一个人成长中最重要的事情之一。

因为缘分，我走到了师父身边，让我在文案写作这条赛道上找到自己的使命。

在事业上经历的各种变动磨练了我坚毅的内心。这种坚定帮助我在文案写作这条路上越走越远。

只要你有一件愿意奋力去做的事，你就有了生命力，就不会再萎靡不振。

改写

在微信做了8年副业的职场妈妈，为何突然转战知识付费赛道并且快速拿到结果？

■ 馨然

畅销书作家思林老师嫡传弟子

无痕文案成交系统导师

英语学习规划师

靠自己，活出更精彩、自由的人生！

你好，我是馨然，是畅销书作家思林老师的嫡传弟子，也是一位40岁的职场妈妈。工作之余，我利用碎片化的时间，在微信做副业已有8年之久，现在转战知识付费赛道，开始打造自己的个人品牌。

35 年的人生顺风顺水，因为一件事情被彻底改变了

从小到大，我的人生都很顺利。大学毕业后，我顺利进入老家县城里最好的高中担任英语老师。在学校，我一路从普通班转到最好的班，最后取得了中学高级教师职称。后来，我在适婚的年龄结婚生子、买了房子，一路都是一帆风顺的。

我很满足，觉得自己这辈子应该就是这样：好好把孩子培养长大，好好教书带好我的学生们，在教师这个岗位干完这一生。

可是，在孩子刚满三岁时，孩子爸爸被调到省城，从此一家人过上了两地分居的生活。我开始了一个人一边带孩子，一边工作的日子。考虑到孩子以后要去爸爸工作的城市上小学，我们决定先买房子。从这以后，我们的经济压力一下子就变大了，每个月两个人的工资还完各种贷款后所剩无几，生活变得很拮据。

就是从那个时候起，我暗下决心，我要多赚钱，改变我们家现在的生活。

3 年的坚持与努力，让我实现了梦想

那时的我就想找一份不影响我的主业工作，并还有时间带孩子的

副业。但是，这样的副业有吗？去哪里找呢？当时的我，每天都在冥思苦想找个副业。

一次，我在朋友圈看到我以前的一个学生，当时已经读大三了，在朋友圈卖护肤品。我看她的生意不错，她的顾客使用的效果也很好，产品中有些成分还是获得了国家级奖项的。于是，我抱着试试看的心态咨询了她。

简单咨询后，我就刷了信用卡，拿了一些产品先自己用看看效果。产品效果还不错，我就开始卖这个品牌了。那个时候，我每天的所有空余时间都在学习如何吸引客户，我甚至因此学做了私房菜。我每天送孩子去学校后，就去菜场买菜，再去学校上课，下班前备好课、改完作业，我再回家做菜、打包产品、送货。通过我不断地努力，我在 1 年多时间卖完货回本了。

在我做微商做到第三年的时候，由于我突出的业绩，让我可以参加公司举行的免费的巴厘岛海外游。我终于实现了除主业外，月入过万的生活。

因为平台的一个变化，我被打回了原形

本来我以为，我终于找到了自己喜欢的事业。但是，好景不长，我深耕了 4 年的公司面临瓶颈期，产品迭代升级，销售模式改变。如果想拥有新产品的分销权需要再投资才行。

就这样，公司升级了几次产品，我也再投资了几次，可产品的销量却逐渐下滑。

我苦苦思考了很久后发现，总是帮平台卖货不是长久之计，我还是要学一门技能才能让自己不用一直依附着别人过日子。

做自己的 IP，才能翻盘

就在这个时候，我意识到只有打造个人品牌，才能脱离依附平台，一直投资压货、卖货这种局面。于是，我开始付费学习，可我学了很多课程，依然无法把学到的知识变成属于自己的产品。

就在我不知道我还能干什么的时候，思林老师出现了，她就像一道光照亮了我的世界。

遇见好老师，带你改写人生，实现梦想

我和思林老师在一年前就已互成微信好友，但是我一直没怎么关注她。直到一天我在朋友圈看到她正在写个人故事，就花了一个多小时翻看她的朋友圈。看完后，我果断报了她的一个小课程，在学习中，我深入了解了思林老师。她上课的那份专业，以及她的逻辑思维和教我们的那些方法都深得我心。课程设计得也很用心，内容让人一听就能明白。总之，我被她的个人魅力吸引了，她就是我想要成为的那个人。

这个课程结束后，我主动找她报了私董会，正式成为她的徒弟。因为，我确信她能帮助我。事实证明了我的决定是正确的。

在报名私董会后，我参加了她的《21 天文案学习》课程，并且挑战每天发 10 条朋友圈文案。上完这个 21 天的课程，我也招到了想学习文案写作的学员。

而我的学员都反馈，我的授课内容让他们完全打开了思路，他们学到了一整套线上的营销思维，对他们工作的帮助非常大。

我也很享受给他们上课，有一种可以帮助别人的成就感。我终于找到了我想要的副业，它可以不用依附任何平台，而且，我还能帮助其他人实现她们的梦想。

接下来，我跟着思林师父不断学习，持续精进我的文案写作能力，再去实现我的一个个梦想。我也希望未来能带着更多人用文案改写她们的人生。

我有两点经验分享给你，它会让你少走很多弯路，早一点找到人生目标。

一、线上创业先练好你的文案写作能力

不管你销售什么产品都需要写文案。即使你有好产品，如果你不能将产品的优势宣传给尽量多的人，那么你也很难将产品售出。并且，文案写作学习的还是一整套营销思维，一条好的文案能帮助你赢得更多人的关注，从而助力你销量倍增。

二、自己摸索不如找个好老师

在学习这件事上，自己摸索远远不如找到一个好老师。好的老师会给你指导和建议，让你少走很多弯路，而且能够帮你把学到的知识转化为生产力。

以上就是我的人生故事，一个在微信上做了 8 年副业，经历了从产品时代到个人 IP 时代变化的职场妈妈。我用自己 8 年的经历建议你，现在这个时代，只要你拥有一门技能，并在其中深耕细作，你就能实现自己的梦想。

我的故事未完待续，期待未来与你一起见证更多可能。

在学习这件事上，
自己摸索远远不如
找到一个好老师。

改写

30 岁而已，有梦就去追

■ 伟漫

畅销书作家思林老师嫡传弟子

高价 IP 文案营销导师

生命能量激发导师

没有一颗心会因为追求梦想而受伤，当你真心渴望某样东西时，整个宇宙都会来帮你！

《三十而已》这部剧中有这样一句台词，“时间最迷人的魅力，就是让你坚定成为自己！”在 30 岁之前，我完全想不到，我的命运会和文案有一丝一缕的联系，更加想不到，我现在有机会在这本书中向你述说我和文案的故事！

抓住机会，收获意外惊喜

认识思林师父之前，我做了大半年的私域操盘手，收入还算稳定。但我有时候会焦虑，万一哪天自己不和老板合作了，我的人生该何去何从？

说到底，我就是个不折不扣的打工仔！因为平台不是我的，影响力也不是我的，所以，即使正在享受高薪，我也一直在探索人生的第二曲线。2023 年 11 月，我通过好友加上了思林师父的微信，随后，就报了师父的《思林的 100 天财富加油站》的课程。经过一段时间的学习，我对思林师父的学识与人品都非常认可。在几个月后，正逢思林师父招募徒弟，我又加入了她的私教课程。在师父打来的审核电话中，她短短的几句话就俘获了我的心，让我对她更加信任。挂完电话后，我的文案营销精进之路就开始啦！我当时觉得，学好这个技能一定可以拥有自己的影响力！

你的贵人运，藏在价值百万的礼仪里

进私教群学习文案写作的第一天，师父教的是微信社交礼仪。她教得很细，比如在发私信和别人沟通的时候，如何友好“破冰”、高效提问、回应需求？还教了如何在微信群里让别人记住自己。后来，我把自己学到的礼仪方式用到工作中，受到了客户的高度赞扬。

突破思维瓶颈，实现业绩跃迁

在上课的过程中，我一直保持空杯心态，跟着师父好好学习。每次我都早早写好文案发给思林师父，她都是秒回秒改。经过我不懈的努力与师父的倾囊相授，我很快就出师了。

我出师时正好赶上了我们公司一个项目的启动，当时我们公司正全力筹备“618 活动”，我用了师父教的方法，和团队一起让我们公司产品的销量再创新高！我再一次惊叹：师父教的这套文案营销方法，真的可以帮到很多人！

文案思维，它背后就是营销思维，让你可以站在用户的角度思考问题，吸引客户心甘情愿地为你的产品掏钱！

我这 1 年的快速成长，让我收获了人生的第二曲线。不但自己的文案写作水平突飞猛进，还吸引了不少学员跟着我学习，他们的文案写作能力也越来越强。

这里，我和你先分享 6 个王炸成长，因为我怕说太多，你会兴奋得睡不着！

王炸成长 1：文案出师后，我很快就收到了第一个私教学员！

王炸成长 2：一条朋友圈，吸引了 60 个学员报名手抄文案群。

王炸成长 3：一次日更 10 条朋友圈文案的挑战，让我又成交了 2 个私教学员。

王炸成长 4：学员的私教服务还未到期，就追着我升级课程。

王炸成长 5：找准个人品牌定位，收获爱人同修学习！

王炸成长 6：朋友圈文案日赞破千，吸引了新加好友报名课程。

思林师父的这套文案营销系统让我的私教学员们的事业都逐渐开花结果。我更加感恩遇见思林师父！因为没有师父对我的用心，我就没有机会帮助别人。师父的口头禅是“我的，就是你的！”她是这么说的，也是这么做的！每次，她都将自己辛苦研发的所有课件毫无保留地授权给我们去带徒弟。

我相信，持续跟着师父精进文案写作能力，不但可以做好我的个人品牌，还可以帮助更多人成长赚钱。

最后，回顾我这段时间的成长，我总结了两个文案写作赛道的创富锦囊给你。

一、“死磕”一门技能

自从和思林师父学习文案，我就不再想学习别的课程。我只专注在文案领域的发展，拿出了我 100％的精力在这条赛道上奔跑。

二、做对人，比做对事更重要

人品也是让客户能否信任你的重要标准之一。思林师父的人品让我愿意一直跟着她走下去，而我的人品也吸引了我的学员跟随着我。

感谢你读到这里，再小的个体也能发光。愿文案的力量能给你插上梦想的翅膀，飞向更高的地方！

愿文案的力量能给你插上梦想的翅膀，飞向更高的地方！

改写

相信奇迹，你的人生就能成为奇迹

■ 猫哥

畅销书作家思林老师嫡传弟子
未来春藤亲子记录超级讲师
文案营销运营教练

改写

全力以赴地学习文案营销，它真的能让你看到奇迹。

问你一个问题，假如有人跟你说："学文案吧，它可能会让你的人生出现奇迹。"你会相信吗？如果是以前的我，肯定不会相信，因为我从小就不喜欢写作文，文字水平不行，何况我都快 40 岁了，怎么可能出现奇迹啊？但是，当奇迹确实出现在我身上的时候，我就不得不相信了。

文案营销帮我突破了事业的瓶颈，让我在事业上进入了一个新高度，我将自己成功的经验复制给伙伴，他们也成功了！如果没有文案营销，我是不可能取得这个成绩的。你想知道我是怎么做到的吗？下面我就把故事讲给你听。

为什么年近 40 岁的我要学文案营销？

先简单地介绍下自己，我是猫哥，来自山西太原，一名文案营销教练。我目前在做家庭教育行业，在 6 年的时间内，我给孩子写了 12 本亲子记录，累计 1800 多篇文章、54 万字。

之前我在传统行业做销售运营的工作，因为我的性格比较内向，不太擅长和人打交道，所以做业务时我吃了不少亏。那几年，我的事业发展得很一般。

我因此非常苦恼，希望自己可以做一份不用与别人应酬，只用踏实做事情的工作，不甘心的我开始不断地学习，想寻求改变并找到能契合自己销售能力的方法，结果还真让我抓到了一个机会。

我找到的是一份在线培训的社群运营工作，不需要花很多的时间与别人应酬，我就有更多的时间精力琢磨怎么优化服务、提升客户满意度。后来，我不断深耕线上业务，跟上了公司的快速发展，我和团队的小伙伴在4年内服务过15000多名学员。2020年我开始做家庭教育，本来希望能借助自己运营社群的积累开始大展身手，可我的事业刚开始就进入了一个很长的瓶颈期，收益不仅没增加，甚至还有所下降。我迫切地想要改变现状，希望找到一个方式尽快改变现状。我不停地付费学习，可是结果却不尽人意。

学费没少交，收入却没增加，我有房贷要还，还有家庭的开销，压力很大。那段时间，我过得特别焦虑，迫切想要改变现状，却不知道怎么下手才好。

就这样一直到了2022年9月，一次偶然的机会，我在一个群里添加了思林师父为好友。我被她发的朋友圈文案吸引了，竟然连续看了好多天，越看越上瘾。这时，我隐约感觉到，文案也许能帮助我突破瓶颈期。

2022年冬天的一个晚上，我发现思林师父正在发起一个线上活动，我立即付费报名了。那次活动给我留下的印象极其深刻，让我想跟着她继续学习。当时，我心里就确定了，思林师父是我的榜样，她简直太棒了！可是我又在想，我都快40岁了，现在才学习文案，会不会晚了点？我不擅长写文案，文笔又不好，作文写的都是流水账，我能学得会吗？我心里当时很矛盾，我真的很想继续学习，但我又怕自己学不会。于是，我主动给思林师父打了一个电话，跟她通话后，我有了信心。挂了电话后，我就开始了跟着师父学习为期2个月的课程。

这“4大狠招”让我的学习效果提升很快

为了学好文案营销，我制定了“4大狠招学习法”，这“4大狠招”是什么呢？答案就是定目标、列计划、追过程、拿结果。

（1）**每节课程，我都把课程内容整理成文字稿，梳理好后打印学习；**

（2）**再听1遍，所有的课程我都会做思维导图，整理学习笔记；**

（3）**再学1遍，每一节课我都会认真实操练习，并模仿写文案；**

（4）**再练习1遍，我把文案写好后发给师父，她再发给我修改完的文案**。我会将师父改动后的文案与自己写的做对比、分析、拆解，再整理到表格里。

（5）**再多看1遍，我会把自己看到的好文案一条一条的整理分类，有时间就看，有时间就琢磨**。

就这样，我积极地学习、主动地学习、全力以赴地学习、以结果为导向地学习。

营收过万元的活动怎么做？

在我学到第2个月的时候，我做了一次活动，让我营收过万元，这个活动是怎么做的呢？在准备阶段，师父就给我打电话，手把手亲自带我，告诉我怎么布局和铺垫，我越听越有底气。就这样，我大概用了2周时间做完准备工作后，才发了第1条与活动相关的朋友圈。

当天晚上，我心里特别紧张，心想会不会压根就没有人报名。师父让我放心，说我一定行。时间一分一秒地过去，终于在这条朋友圈发出去10分钟以后，有人报名了，我长长地舒了一口气，真的太不容易了。第二天一早，我睡醒后就迫不及待地打开手机，发现竟然有人在凌晨2点、5点下单，真的太让我感到意外了，这是不是就是传说中的“睡后收入”？我数一数，竟然有10个人报名，我开心得不得了。

没想到，第2天竟然又有20个人报名，我简直惊呆了，这也太神奇了吧！要知道我只是发发朋友圈，没有主动私聊过任何人，都是别人主动来找我的，这对于内向、不擅长交际的我来说，简直太神奇了。就这样，原计划7天招募30个人的我，通过发朋友圈文案，在4天时间里，就招募了88个人来报名学习。

随后，我开始做社群分享活动。在我分享的那几天里，群里每天都有40个以上的人很活跃。你能想象那种社群氛围吗？只要我发言，大家都不停地回应，互动特别频繁，我觉得特别震惊。在我分享结束后，大家意犹未尽，还想继续跟我学习。我就开始在群内发布要做一次文案训练营的消息，没想到竟然有20多个人报名，群内的成交转化率高达22%，让我的营收过万元。这个发售成绩对我来说，太不可思议了。

说到这里，我要揭秘为什么会有这么多人主动来报名学习，答案就是信任前置。如果你在做群发售的时候，用户对你不熟悉，进群以后，用户的在线率不高，自然全力投入学习的人占比很低，那么在后端做转化的时候，成交率就会受到影响。我学习的这套文案发售方法做了信任前置，来学习的人在报名之前，就已经看我的朋友圈很久了，对我有一定的信任基础。加上我在群里做分享的时候，在线的人比较多，通过我的分享，他们对我有了更深的信任，对于我发售的活动，他们有需求，自然就会报名学习了。

在我学成后，文案营销在我的主业——家庭教育方面提供了很大的助力。在2023年的“双十一”活动时，我们公司有很多新加入的小伙伴，因为他们大部分人是第一次做销售方面的工作，有畏难情绪，成绩自然不理想。我就主动请缨，建了一个为期3天的小群，我带着大家用文案营销的方式开始卖货。没想到，那段时间，我们公司的销量又创新高。

而我从学文案营销到现在，短短的 7 个月内，借助文案营销的力量我做了：

(1) 4 次朋友圈文案训练营；

(2) 1 次亲子阅读训练营；

(3) 1 次亲子记录训练营；

(4) 1 次社群掘金训练营；

(5) 1 次 100 天文案陪伴营。

累计服务人数超过 500 人次。文案营销不仅帮我理顺了业务运营的思路，还帮助我的团队拿到了不错的成果。

我领略到了文案营销的魅力，今年跟思林师父的学习让我成长了很多，我把社群和文案营销结合，让销售不再困难。

感谢思林师父，我的贵人老师，把我领进了文案营销的世界。请相信我，有机会你也一定要学习文案营销，它就像指明灯，照亮你前行的方向，还能给你带来希望和勇气！

我把社群和文案营销结合，让销售不再困难。

改写

一位特殊孩子的妈妈，如何在绝望中自救，重新定义人生？

■ 海燕

畅销书作家思林老师嫡传弟子

无痕成交文案教练

女性赋能导师

生活有太多的困难，就看你以什么心态去面对！

你好，我是海燕，来自重庆，三个女孩儿的妈妈，是一位懂心理学的文案营销教练，也是畅销书作家思林老师的弟子。

接下来要和你说的，是一位特殊孩子妈妈如何在绝望中自救，拼尽全力活出精彩人生的故事。

一个农村女孩顺风顺水的上半场人生

我是一个出生在农村的“80后”女孩，由于父亲的右腿残疾和贫寒的家境，所以我一直很自卑又内向。从小母亲就告诉我：读书是改变命运的唯一出路！

于是，为了走出农村，我选择了好好读书。后来我如愿考上了县重点高中，但因为家庭原因我选择了读师范学校。赶上了国家包分配工作的末班车，我毕业后去了乡镇中学，当起了一名初中语文老师。

我终于跳出了农门，坚持2年后，我发现我不想过这种一眼望到头的日子，于是选择了自考大专文凭，然后参加成人高考，如愿来到四川师范大学进修本科，终于圆了我的大学梦。但是不久后我发现，成人本科学历并没有什么含金量。于是，我又开始考研，并且用8个月时间备考，最终考上了四川大学比较文学专业的硕士！只有初中英语水平的我，凭着自己的冲劲儿，把不可能变成了可能，那也成了我人生的高光时刻！

命运却突然跟我开起了玩笑

考上川大硕士后，我跟异地的男友结婚了，几个月后我怀孕了，可谓三喜临门。就在我满怀期待地迎来大女儿后，我却在她满 40 天时被医生告知：她是一个唐氏宝宝，并伴有先天性心脏病！

那一刻，我如坠冰窟，命运打了我一个措手不及！我实在接受不了这个打击，我选择了逃避。直到 5.12 地震后，我才感到世事无常，开始振作准备考公，似乎只有投入学习才能找到自己的价值。

经过努力，我顺利进入国税局的一个岗位的面试环节，但最终，我以总分 0.5 分之差，与这个岗位失之交臂。后面我又继续参加事业单位的招考，却在进入体检环节时，因身高的 3cm 之差，再次与那个岗位无缘。硕士毕业后，我去了一家国企做行政工作。

在大女儿 4 岁那年，我们又迎来了二女儿的诞生，当我们全家都把希望寄托在她的身上时，命运再次跟我开起了玩笑：二女儿有自闭倾向，并且全面发育迟缓。

天呐，这绝对是压死骆驼的最后一根稻草！我也彻底地被命运打倒！

在绝望中苦苦挣扎的十多年

但生活并没有给我喘息的机会，被迫辞职回家后，我把大女儿接来身边上幼儿园，然后带二女儿去医院做康复治疗，从她两三个月大到两岁，风雨无阻。后来又带着她去机构做康复治疗，我那时候抱着一线希望，以为只要我们努力治疗，孩子会一天天好起来的。没想到在她两岁半时，她又突发癫痫！我带着她去北京看病，医生说她的病是因为基因突变，人力无法改变。终其一生，她一辈子都只有几岁孩童的智力。

有几年，婆婆和外婆一起帮着带孩子，先生的工作单位远，一两周才回家一次。我们家里的关系一度比较紧张，孩子的病带来的焦虑和绝望、周围人的指指点点和异样的眼光，生活的一地鸡毛沉重得让我喘不过气来，我陷入了人生最低谷的时期，我在这种绝望的煎熬中苦苦挣扎了近10年。

你经历的所有磨难，都是来渡你的

当了这么多年的全职妈妈，我经常会听到各种声音：

“一个川大硕士，竟然在家带孩子，那你当初为什么要拼命考研？”

“与社会脱节这么多年，你以后还能干什么？”

“没工作，没收入，全靠老公，不怕他以后瞧不起你？”

其实，这些问题也是我心中最大的痛楚！这些年，我早就活得没有了自己。因为有两个特殊孩子，我的内心深处是自卑的，没了社交、没了朋友。我不甘心做一个全职妈妈，可天天带孩子做康复的我，只能做些在家就可以完成的工作。毫无经验的我跟着熟人进货，做起了微商。可我对营销一窍不通，也拉不下面子去推销，结果可想而知，产品根本卖不出去。

2018年，小女儿出生后，我开始学习科学育儿知识。第二年跟着朋友一起推广环保超市，可3年时间，因为种种原因，没有取得我想要的成绩。

2022年开始，我转向线上知识付费学习，因为不清楚自己想要什么，我学习了各种课程，但是我越学越迷茫，更加不知道自己能干什么了。

因为一本书，遇见了生命中的贵人

2023年4月，在一个社群里，我被别人分享的一本叫《文案破局》的书吸引了。读完书后，我当即通过公众号加了作者的微信。作者思林老师“秒回”了信息，还送了我电子书。

我当时没想过要找思林老师报文案营销课，因为2022年我已经听过一些文案录播课。我自以为已经掌握了这门课的核心理论，而且我还自负地认为：我一个中文硕士，还要去学文案？

我发了好几个月的朋友圈文案，根本没有人来咨询。我陷入迷茫中，不知道自己的问题出在哪里。因为没有自己的课程体系，只能帮着平台分销课程，直到一个自媒体老师问我：“你天天这样发朋友圈文案，用户从哪里深入了解你这个人？你这样哪里是打造个人品牌，只是个课程分销商啊！”

那一刻，我才如梦初醒，因为自己一直没有清晰的定位。我投入大量精力的朋友圈不但没多大效果，还被好多人屏蔽了。同时，我也认识到自己并没有营销能力。

2023年8月初，我加入了思林老师的“梦想加油站”，一进去就深深地被社群文化吸引，被学员们的故事打动，这让我认识到好的文案有多么重要。当我得知思林老师开办文案营销训练营时，立马报名，踏上学习文案营销之旅。

一个21天发光计划，让我飞速成长

跟着思林老师学习后，我才发现，**原来写文案有这么多学问，完**

全颠覆了我的认知。

2023 年 10 月，我一进训练营就被老师“做事先做人”的价值观征服。她说，她要用 21 天的时间让我们脱胎换骨，这一下子就激起了我的挑战欲。那次训练营里，我们每天都要写 10 条朋友圈文案，而且两两组队，互相监督，只要有一个人没完成，另一个人也要跟着出局。

那是我踏入知识付费学习领域以来最投入的一次，我在听课之余会一直翻思林老师和其他学员的朋友圈，从他们的朋友圈文案中吸取灵感。每天除了吃饭睡觉，我的脑袋里想的都是文案，从刚开始半天的时间都写不出来 1 条文案，到后来越写越有感觉、越写越顺畅。“日更”10 条朋友圈文案，我坚持了下来!

我的朋友圈也吸引了越来越多的朋友。

于是，训练营结束后，我做了一个重要决定!

成长最快的路径，就是找一个手把手带领你的师父

训练营结束后，我深知，没有一个好老师的带领，自己一个人很难在文案营销这条路上走下去。于是，我报名了思林老师的私教课程。老师每天帮我们手把手地改文案，带着我们成长。

思林老师教给我们的，不仅仅是文案营销技巧，更多的是营销思维。她是一个特别会给别人带来能量的人，让你逐步认可自己，一步步地找回力量。跟着思林师父学习后，我不但在文案营销领域学到了专业的知识，还认识了不少志同道合的伙伴们。于是，我决定加入私董会，一路追随思林师父。

没有一个好老师的带领，自己一个人很难在文案营销这条路上走下去。

是师父给了我信心和勇气让我能重新出发，也因为她的帮助，让我对未来越来越有信心，我坚信我会越来越出色。**我没有因为生活放弃自己，在不断成长的路上我一步步变成了更好的自己。**我是妈妈，但我更是我自己，希望我的分享，对你有所启发和帮助！

改写

50 岁开始学文案，让自信从心里长出来

■ 恩瑾

畅销书作家思林老师嫡传弟子

文案写作教练

禹含形体机构创始人

高级形体导师

有些坚持，不是为了让他人看见我的价值，而是让自己肯定自己的价值而已！

嗨，你好呀，如果你已经 52 岁了，有一个还算美满的家庭，事业也算风生水起，你还会“折腾”吗？我想大部分人可能都不会了，而我却选择了一条同龄人很少走的路，不停地学习成长！

我是一个地地道道的农村孩子，从小就有一个到大城市生活的梦想，上学就成了我唯一的出路。可我高中的时候，疯狂地迷恋上了琼瑶的小说，我几乎把自己所有的时间都花在了看小说上，结果可想而知，我高考时名落孙山。

高中毕业后，父亲在我们当地斥巨资给我“买”了一个正式工作。可我遇到我的结婚对象后，工作 1 年后就裸辞了，成了家庭主妇。就这样生活了将近 10 年。

2006 年，我和老公一起创业了，他主外，我主内，还算琴瑟和鸣。创业的艰辛大家都懂，不过我们的运气还算不错，一路走过来，很快在同行有了一定的名气。

只是随着时间的推移，虽然我的事业越来越好，可我总觉得自己的内心还是缺少了一点什么。随着年龄的增长，接触的人越来越多，我逐渐发现自己的表达能力不是一般的差，所以内心极其自卑。当我在公开场合发表讲话时，要么词不达意，要么什么也说不出来。

我们终其一生，寻找的应该是自己喜欢的生活方式，弄明白自己想成为什么样的人！

于是，从 2016 年开始，我利用空余的时间，自己报名学习了各种课程。但是我实在太内向了，所有学过的知识都无法输出，学了知识却讲不出来也是件挺痛苦的事。

我们终其一生，寻找的应该是自己喜欢的生活方式，弄明白自己想成为什么样的人！

随着课程学习得越来越多，我终于明白了做个人品牌的重要性！要想克服自卑心理，就要做自己不敢做的事情！而要打造个人品牌，写文案是其中最重要的助力之一。

在我想学习文案的时候，就遇到了思林师父，2023 年 4 月，我加了她的微信，很快通过了。

要想成为什么样的人，就靠近什么人

思林师父把我拉到她的社群里，虽然还没正式和师父学习，但是我每天都在观察她，也会转发思林师父的文案。慢慢地，我发现思林师父就是我想成为的那种人。

上了几天课后，我很欣赏思林师父的为人，我深知要想成为什么人，就要靠近什么人，于是把我的私教课程升级为私董课程。

只要开始去做，总比原地踏步要强

升级私董课之后，我才觉得有点高估自己了，我写一条朋友圈文案就要花很长时间，而且自己的微信好友也没几个人。

但是随着时间的积累，我打心底里喜欢上了文案营销。我渐渐学会了写朋友圈文案，现在可以“日更”5～10 条朋友圈文案，已经坚持 100 天了。

只要你想，就没有做不到的事情，所以不要给自己设限。

在学文案的这几个月里，我渐渐学会了表达自己，并且还在文案群里交到一群特别年轻又积极向上的小朋友，让我感觉自己越来越年轻了。

我也成了孩子们心目中那个勤奋上进的妈妈，身教大于言传。

思林师父就像礼物一样出现在我的生命里，点燃了我的那颗蠢蠢欲动的心。

文案带我进入了一个新的世界：

用文案营销思维说话，我的表达更精准了；

用文案营销思维经营家庭，我越来越幸福了；

用文案营销思维经营自己，我越来越自信了；

用文案营销思维经营公司，我越来越轻松了。

用文案营销唤醒内心的力量，让我的灵魂更有趣了！

以笔抒心，任何人都可以活出自己想要的精彩

■ 如心

畅销书作家思林老师嫡传弟子

无为成交文案系统创始人、高客单成交无影手

全赢人生赋能教练、千万联合发售操盘手

改写

用生命点亮生命，唤醒你内在的真我力量，带更多人重拾梦想的种子并让它开花结果，别提有多酷了！

朋友你好，我是如心，一个乐于把不可能的事变得可能的圆梦人，也被学员称为“灵性文案魔法师”“开运百宝箱”，很高兴在这里遇见你！接下来，你也很有可能和我当初遇到思林师父一样，因为这次遇见，开启了你通往另一个全新的世界的冒险！

接下来，你看到的这个故事，是一个北漂女孩儿全力以赴想要实现人生价值，并帮助更多人实现梦想的最真实的经历。

全力以赴实现了事业目标，却并没有想象中那么快乐

从小到大，我都是三好学生，品学兼优，成绩稳居年级前10名，是家长口中常说的“别人家的孩子”。

毕业后，我进入了一家世界500强企业工作，3个月就把品牌业绩翻倍了。

意想不到的事发生了。我每天全身心地投入工作，就在我自信满满地想要大展拳脚，干出一番成绩时，却发现社会并不像上学时那样仅凭积极的心态和努力行动就能成功。就在我的事业发展到最关键的时候，我付出的所有努力竟然输给了别人的心机。导致我陷入了长达8年的颓废状态，我的人生一度陷入了绝望。那时候，我每天失眠。严重的时候，我连正常吃饭都做不到。才20出头的我，面黄肌瘦得像个干枯的老人。而且，就在我北漂期间，我失去了最亲最爱的姥姥！

我无数次质问自己，这么多年都在忙些什么？每当一个人独处

时，想到姥姥每次在我临行前都会找我的身影，我总会忍不住泪流满面。

从那之后，我就暗下决心，以后的人生，绝不能再这样，我要开始改变。

告别过去所有的积累，一切从零开始，我还会成功吗?

中国传统文化让我从长达 8 年的灰暗谷底重新找回了生活的意义，于是我放弃了过去所有的积累，转行教育，从零开始。那段灰暗时期让我明白没日没夜的工作、一心追逐事业的生活并不是我想要的。我希望的是时间自由、工作自由、财富自由，可以经历多彩人生，在不一样的人生经历中体悟生命的意义，做更多对社会有意义的事。

但是，我要到哪里去找这样的工作呢？我再度陷入了迷茫。从那时开始，我的付费学习之路便开始了，我接二连三地参加了很多大咖老师的课程。

我就这样遇到了恩师，一个可遇不可求的心灵导师。终于，通过不断学习历练，我在这个全新的领域取得了一些成绩。接着，我认识到幼儿教育的重要性，我又一次从零开始，转到了幼儿教育领域，带的最小的孩子才 1 岁 2 个月。

为了保护孩子天性，我和孩子生活在一起，既是老师又是妈妈，全心全意地照顾他们，我成了家长和学生的靠山。很多学生即使升学了，依然和我联系，这让我很感动。我又一次找回了自己的价值。

一次意外，将我又一次推向谷底

然而，意料之外的事又发生了，再一次把我推向了谷底！

当时我带的一个孩子情况有些特殊，生活完全不能自理，学校被妈妈的真诚打动才破格录取。经过老师们共同精心的陪伴，他恢复了说话的能力并且主动读书、舞蹈，不仅简单的生活可以自理，还喜欢上了曾让父母很头疼的事——运动。

这些惊喜的变化给这个濒临崩溃的家庭带来了希望。然而，孩子有一次意外受了伤，家长爱子心切，极度愤怒下和学校发生了争执。这件事后，我很长时间没有再回归教育行业。关于未来，我再度陷入迷茫。

绝后重生，没想到这个曾让我最排斥的领域，竟带我走进了新世界

当时我在弘扬传统文化的路上遇到了障碍。是中国传统文化让我拥有了第二次生命，我立志将接下来的所有精力都用来弘扬它，帮助更多人！这个障碍我必须突破。

然而，我竭尽全力却无济于事。我花光了所有的积蓄却没有得到理想的结果，我的营收仅仅勉强能维持开销，事业根本没办法进一步发展。

面对这些扑面而来的问题，从来没考虑过赚钱的我第一次“向钱看”，不得不进入了我一直最反感的商业营销领域。爱学习的我，又一次开始付费学习。

遇见她，曾经最头疼的事却成了我实现梦想的杠杆

没想到，学习文案后，我之前提到的那些未了结的事，竟然都圆满了。刚刚动了深耕文案营销的念头，我就遇见了点亮我文案写作梦想的思林老师。

因为认可她的人品，我很快就加入了她的私董会。待我将自己所学运用到我的主业后，我的产品销量增长了不少。

遇见思林师父，带给我的是亲眼见证自己的无限可能！对她的感激说不尽，我相信，后续一定更精彩。

过去我一直以为商人整天就琢磨怎么赚别人的钱，但现在我刷新了对商业的认知，那就是，**没有成交，只有成就**。我要用我的产品成就别人。

点亮生命，最大的善果，是带学员出成果

参与这次写书的初心是为了帮助心中有梦的人，让他们都可以梦想成真。所以，我把自己的实战经验分享给你。

一、心法大于方法

越是大的成就，越是关键在于心法——没有成交，只有成就。

学成文案营销后，我抱着一颗只想尽可能地帮助学员的心，把我所有走过的路、踩过的“坑”、得到的经验都告诉学员。这不仅吸引他们长期跟我学习，也是让他们最快拿到结果的钥匙。一个叫向阳的

学员，因为掌握了这条心法，仅仅帮别人写了 1 个故事，就被评为“最有灵魂的文案教练”。

二、拥有独门绝技，让你持续从成功走向成功

其实，深入任何领域你都会发现短时期的成功并不难，难的是获得持续的成功。而文案营销是帮助你能长期成功的“利器”之一。因为，文案营销的背后是营销的底层逻辑。

1. 文案营销的背后是用户思维

学习文案营销后，我的思维方式转为用户思维，开始站在用户的角度想问题，让我更明白用户的需求，从而吸引更多用户来购买我们的产品。

2. 文案力的背后是闭环性

要想获得持续稳定的成功，你一定要具备设计闭环系统的能力。你的系统要步步为营、环环相扣，且经得起时间和实战的印证。

如果你的内心也有一颗梦想的种子而且想让它开花、结果，展现你真正的价值。那么来找我吧，让我们照亮彼此，让星星之火绽放出无量光芒！

要想获得持续稳定的成功，你一定要具备设计闭环系统的能力。

改写

失业的40岁女人，也能重选赛道，不断突破极限

■ 周彦

畅销书作家思林老师嫡传弟子

灵魂营销文案写手

私域发售操盘手

没有人能困住你，除了安于现状的你！

你好，我是周彦，是一名文案营销教练。接下来要告诉你的，是一个普通中年女人在被迫离职后重新选择人生的故事。

万万没想到，过普通的日子，也会被生活重重一击

从小到大，我在别人眼里都是一个特别乖的女孩，内向不爱说话。我的成绩很一般，高中毕业后只是考上了一个大专。

毕业后，通过家里亲戚的关系到一个工厂里上班，然后谈恋爱结婚。我以为我的人生就会这样平淡地过下去，不过工作几年后，现实给了我重重一击。

我的人生，难道注定只能被安排？

2018 年，已 38 岁的我，没想到我所在的公司突然倒闭了，我也失业了。这个尴尬的年龄让我找工作时处处碰壁，要么被公司嫌弃年纪太大，要么开出的薪资远远达不到我的预期。

所以，我只能再次通过亲戚的帮助找到一份稳定的工作。但这次面对同样重复的工作，让我觉得未来的我一定会和社会脱轨的！

于是，2 个月后，有个刚进入保险公司的朋友找到我，劝我和她一起去卖保险。薪水特别有诱惑力，但当我把这个想法告诉父母和亲戚时，所有人都劝我放弃。可是这次，我在所有人的反对声中，入职了保险公司，我想证明自己。

没有人能困住你，
除了安于现状的
你！

初次涉猎新领域，一切没有想象中那么简单

原以为，靠着这种坚定的信念，我可以做出一番事业，可对于一个没有任何经验，又不好意思推销的人来说，我当时的业绩，已经不能只用一个“惨”字形容，因为要通过公司的考核，我甚至还要自己往公司贴钱。

直到我在网上看到了文案营销，好的文案可以吸引客户主动来买产品。于是，我开始学习文案营销课程，这之后，我的文案收获了很多人的点赞关注，也吸引了不少客户。

文字，只是创业的开始

通过努力学习，我明白了文案的背后是营销思维，它的背后是一套完整的系统和商业逻辑。我也学会了留住客户最重要的一点就是真诚，只有你真心对待你的客户，从客户的角度去分析你的产品才能找到客户真正需要的卖点。一直记得那句话，你有什么不重要，客户需要什么才重要!

后来，还有人来找我学习写文案，于是我也设计了自己的课程。

再后来通过别人介绍，也有公司来找我代写文案，我已经累计写了近万条文案。自己运营的社群转化成文案训练营，成交率也达到88.6%!

就这样，每月拿着代写文案的工资和发售课程的提成，让我找到了事业的新方向。

如果有选择，没有人会真的安于现状

可我已不再满足于当下的生活了。这期间，正好看见思林老师在招募学员。于是我在 2023 年 11 月初，报名了思林老师的文案私教课。估计你也会好奇，为什么我还要找她学文案营销呢?

第一，文案是一切营销的基础，在这个时代，文案是推销产品的必备技能，如果我要继续在这个领域深耕，学习文案也就尤为重要了!

第二，思林老师的课程体系不但课程设计逻辑清晰，而且她会尽全力地帮助她的学员。

所以，人生总要突破自己一次，你会得到一个曾经不可能的人生!我也希望有更多人能够走出来看看“外面的世界”，尤其在这“人人自媒体”的时代，到处充满了各种机遇!

如果你问，文字，到底改变了我什么?

第一，敢于表达。

以前内向的我，对于需要与别人沟通的事情，我一定会躲得远远的，尤其和陌生人聊天，那对于我来说，简直难于上青天!但现在就算遇到陌生人，我也可以自如地和他聊天。

第二，变得自信。

以前的我不只是内向，我对自己的外貌也自卑到了极点，在公众场合能躲则躲，更别说在镜头前侃侃而谈了，但文字改变了我，越来越自信的我现在敢于在镜头面前展示自己了。

第三，扩大人脉。

以前我的微信好友人数很少，但现在，我的微信好友的人数是以前的几倍，而且来自五湖四海、各行各业，与这些朋友聊天让我受益匪浅。

改写

生活给勇敢的人完全不一样的人生

■ 水墨

畅销书作家思林老师私教

12 年资深实体店从业者

当你知道“万花筒的秘密”时，就注定要和文案携手并进！

嗨，你好，我是水墨，在实体行业工作了 12 年。文案给我的生活带来了翻天覆地的变化，文字已成为我心灵的寄托，它督促着我一直向前奔跑。听完我的故事，相信你能在文案的世界里找到你要的答案。

文字，拥有神奇的魔力

文字千变万化，文字能传达人的情绪。

文案是用文字拼接起来的，运用好文字，才能让文案发挥出自身的魔力。

文案的出现，并非偶然

只有经历过磨难，才能看清自己。

我是个非常腼腆、不爱讲话的人，与别人沟通时，又常常不懂得修饰语气，让别人难以接受。

很少有人想和我打交道，但我如何才能把话说得漂亮些呢？思来想去，我找来一些关于如何讲话、如何和别人沟通的书，看完又到生活中实践。我也会经常反思自己与别人沟通时出现的问题。为了更好地学习与人沟通的技巧，我开始报课学习，长年累月下来，我学习了各种课程，与人沟通时也顺畅了许多。我觉得文案营销很有意思，于是想继续在这方面学习下去。

只有经历过磨难，
才能看清自己。

走出舒适圈，创造一个奇迹

2023 年，我花了 3 天时间读完《文案破局》这本书，加上了作者思林老师的微信并找她报了一个基础的文案营销课程。

老师是一个平易近人的小姐姐，也是我遇到过的最负责的老师。

走出舒适圈，打破自己不上不下的尴尬状态，一旦突破向上，你连自己都会感到意外，所以，大胆地利用文案的魔力吧，你一定会有收获。

借势文案，成就美好人生

要想看到更美的风景，必须借助更多的力量。

我将学到的文案知识，运用到实体店的运营上。后来，我知道利用文案还可以在线上平台做发售，和线下经营也不会有冲突。

后来，我正式学习文案后，通过文案发售，成交了一单又一单，我知道自己做对了一件事，那就是学会了写文案。

勇敢选择，加上努力，得到收获

如果当时不做选择，卡在瓶颈期的我，就故步自封了，哪来现在的收获？

每一份工作做起来都不容易，每一个收获都是自己用时间换来的。在关键时刻一定要勇敢地做出选择，才能获得最好的成果。

如果努力是成功的双翼，那么选择是成功的躯干，只有两者合力，才能飞向更高远的目标！

改写

当你决定全力奔跑时，没有什么可以阻碍你

■ 尤媛

畅销书作家思林老师弟子

女性轻创业顾问

朋友圈业绩倍增教练

追光而去，你也能闪闪发光！

人生的每一段经历，都值得记录！

我出生在云南的一个偏远小山村，从记事开始，父母就外出打工了，留下我和年迈的外婆相依为命，我成了一名留守儿童。还记得那时，村里的孩子远远看到我就会大喊：“野孩子来了！”

因为缺少父母的陪伴，有很长一段时间，我变得非常自闭，害怕和别人交流。我每天只是努力学习，别人在外面嬉戏打闹的时候，我就一遍又一遍地复习着功课，终于功夫不负有心人，我凭着优异的成绩考上了一所医学院校。

2014 年大学毕业后，按照父母的意愿，我回到了家乡的小县城，顺利进了当地一家医院。但是医院的工作非常多，我每天忙得像个陀螺，一周还要上 4 个夜班。由于过度的劳累和巨大的压力，我的健康状况严重堪忧，内分泌失调了，曾一度瘦到了 80 斤，头发也是一把一把地掉。可我的工资减去房租水电费后，剩不了多少。

那段时间，我常常焦虑到失眠，数不清有多少个夜晚，我躲在被子里哭泣，我不断地问自己：“这是你想要的生活吗？每天像个机器人，没有假期，没有时间陪家人，工资也没多少。”在内心挣扎了一段时间后，我做了一个家人都反对的决定，我辞职了。

我还记得自己辞职那天，办完各种手续，收拾好东西，约上闺蜜，骑着“小电驴”，高兴地绕着县城转了两圈，与她一起兴奋地规划着接下来的创业计划。

追光而去，你也能闪闪发光！

“理想很丰满，现实却很骨感”

2016 年是微商正兴起的一年，看着朋友圈里的伙伴们做得风生水起，我和闺蜜商量后就批发了一堆产品回来。然后我们只用了短短三天的时间就实现了 3.2 万元的营收。尝到甜头的我们又继续批发了几百件产品，堆满了整整一个房间。可是这一次，我们还会如此幸运吗?

结果就是我们 4 个月一单都没有卖出。后来才发现，前期卖得好是因为熟人碍于面子的照顾，后期因为没有持续的流量加上好的营销方法，导致我们举步维艰。

所有的曲折，都是为了最后的风景

2018 年 5 月，为了寻找更好的营销方法，我报了不少课程，不仅有制作短视频的、写作的，还有社群运营的。我当时总觉得自己学完这些课程后就能大展拳脚，把货全部卖出去，结果收效甚微。

1 年时间里我到处报课，积蓄全部花完了。看着自己的年龄也不小了，家人一直催我结婚，我也妥协了。之后的几年里，我结婚生子，做起了全职妈妈。

有时候，一个决定就可以改写命运

2022 年，我那颗不甘平庸的心再次躁动，希望可以找到一位好老师带领我。于是，我遇到了人生中的贵人——思林老师！身处迷雾

中的我也因此看见了一道光，看到了希望，

那天，思林老师和我说了一句我至今难忘的话，她说："只要相信自己，你就一定行！"这句话给了我很大的信心，从那一刻开始，不服输的我准备最后一搏。我相信那句话，"你每次踩过的坑，都会为你未来的坦途增加一点可能性"。

随后我报名了思林老师的私教课程，开课第一天，我对老师就大为信服，一个看似简单的知识点被她拆分成一百多项类目来教给我们，最重要的是还有手把手的指导，让我的任何疑惑都能被迅速解决。

从那一刻起，我就认定了她，感恩我能遇上思林老师，是她带我走上文案营销的道路，是她让我找到了自己人生的价值！

遇见文案营销，遇见更好的自己

学习文案才几天，我就能保持"日更"5 条高质量的朋友圈文案，同时收获了很多朋友发来的喜欢我的文案的私信。还有很多人邀请我合作销售产品。拥有文案营销思维，还让我和家人的关系更和谐了。我一次又一次地突破了自己。我特别喜欢那句话："人生如山，努力生活的我们都是勇敢的攀登者！"**我相信这只是一个开始，未来的我会用文案去影响和成就更多的人，期待与你一起见证更优秀的自己。**

在这里，我分享两个朋友圈文案写作诀窍：

一、你才是自己朋友圈中唯一的主角

我们的朋友圈文案长度有限，需要你在不同的文案里全方位地展

示自己，尽可能地让客户了解你、认识你，他们才会逐渐信任你。

二、利用从众心理

在人类的意识里，让人们蜂拥而至的事情一般等于安全，这是文案思维背后其中一个人性密码。人都喜欢扎堆和凑热闹，当你在文案里多次展示有很多人找你购买产品，那些潜在客户自然也会被吸引。

最后，感谢师父，感谢文案营销让我遇见了更精彩的自己。余生还长，愿我们一起在顶峰相见！

改写

成长就是这样，不断告别，不断遇见

■ 莫桂英

畅销书作家思林老师弟子

文案成交教练

轻创业教练

不管再渺小，请相信，生命影响生命，只要有梦想，你也一定会影响一批和你相似的人！

从自卑到自信，来自家的温暖

我来自四川成都，一个有 2 个孩子的妈妈，一个不停奔跑的创业者，一个愿意主动改变的平凡小人物，一个生而平凡、但自命不凡追梦者！

我成长在一个温暖的家庭，家中 5 个孩子，全是女孩。因为孩子多，家里经济困难，可爸妈从没有在我们的教育上省钱，即使借钱，也都把我们供到了大学。

我在 8 岁之前曾有 2 次离开父母，跟着舅舅从城市回到农村。虽然舅妈对我不错，但寄人篱下的日子让我自卑起来。

自卑、内向、不喜欢说话的我在舅舅家里不是踩着小板凳在灶台前做饭，就是拿着菜刀砍着猪草。我只能通过抢着干活来证明自己有用！直到 8 岁，我回到了爸妈身边，但刻进骨子里的自卑让我即便在最亲的亲人面前，依旧“夹着尾巴”好好表现，生怕他们不喜欢我。

我在一年级刚上 1 个月时就遇到了巨大的挑战，本该接受学龄前教育的我在老家待到了 8 岁，回来以后什么都不懂。严重的乡音、糟糕的成绩、内向的性格，同学、老师都不喜欢我。

是爸爸陪我走过了那段最艰难的时光，他说：“没有什么是不能改变的，就看你有多努力！”直到今天，这句话依旧影响着我。爸爸当时耐心地给我补了半年的课，在我和爸爸的共同努力下，我的成绩终于进步了，自信心也一点点找回来了！

我现在回想起来，正是这段经历让我从小练就了坚强的毅力和超

强的适应能力，也培养了我吃苦耐劳的品格和打不死的“小强”精神！

人生从来没有一帆风顺，但你可以逆风而行

“学习改变命运”这句话始终烙在我的脑子里。进入大学后，我一门心思扑在学习上，年年都有奖学金。大学期间我顺利成为一名共产党员，毕业时还获得了“四川省优秀毕业生”的称号，我也是第一批通过校招走向工作岗位的学生。

工作 2 个月，我就从一线员工直接被提拔到总经理办公室。我努力地工作，希望向管理层靠近。可是，一切并不是我想的那样简单。

枯燥的办公室生活，机械、简单、重复的工作让我斗志全无，在总经理办公室工作 2 个月后，我辞职了，去了别的公司做销售，这一干就是 10 多年！

我深知，随着年龄的增长我们在市场上的竞争力会越来越小，所以，工作到第 3 年，我就开始做副业。可创业远比我想象的复杂，最终以亏损草草收场。

这之后很长一段时间里，我放弃了创业，认真上班，安心还债。后来在朋友的推荐下，我进入二手车行业，经过 2 年的积累，终于遇到好机会，不到半年就还清了负债。我本想继续在二手车行业努力赚钱，可是，好景不长，由于公司内部改革，我的收入开始断崖式下降。我又开始思考，仅靠一份收入，一旦这个工作稍有变动，就会对生活造成巨大的影响。于是，34 岁的我决定重新出发——开启副业！

慎重考虑后，我决定加入一家线上平台，工作之余，我把热情都投入到这份事业中。尽管我很努力，但这份副业仍没有什么起色。

念念不忘，必有回响，我生命中的贵人出现了

我被小红书上一条笔记吸引了——“不要写卖点，多写买点”，我立即下单了那条笔记推荐的《文案破局》。我还通过小红书的社群加到了思林老师的微信。遇见她，是我2023年最幸运的事！

在思林老师这里，我学到的不仅是文案营销的技巧，更学到了对待人、事、物的态度，我被思林老师的一言一行深深地影响。她以身作则，托举着我们每个人，帮助我们不断靠近我们的梦想！

老师说的一句话一直深深地印在我的脑海里，她说：“自信也是一种能力，当你觉得自己可以的时候，你就真的可以，我们很多时候不是败给别人，而是败给自己！”

跟着思林老师学习，她不仅让我们敢想了，更是手把手帮我们夯实基础。老师常说：“不要着急，把基础打扎实，未来我会让你们每个人都能独当一面！”听到这话，我的内心充满了力量，有这样一位认真教学的老师，还害怕自己学不到真本事吗？

拥有文案写作能力，从0到1其实也不难

我真正学习了文案营销后才发现，只要用得上文字的地方，文案都是你的“杀手锏”！

你想知道，怎么写才能写出好的朋友圈文案吗？用对方法，你的文案就可以拉近和读者的关系，比如：文案中多一个“你”字，就可以让人有与你面对面交流的感觉。还有一点很关键，只有站在用户角度写出来的文案才能吸引用户，因此写文案时你写的内容一定得是用

户想要的，而不是你想给的。

写出好文案有很多方法可循。你可以多看，多拆解好的文案，先从模仿开始，反复练习，用不了多久，你会发现自己写的文案也可以很吸引人。

学习文案营销之后，我的朋友圈吸引了越来越多的关注，以下是我学习文案营销的几点心得，现在分享给你。

一、好故事自带流量

当今商业环境，不管是线上还是线下，竞争都非常激烈。市场上同质化的产品太多了，如果想只用产品制胜，难度很大。所以，打造个人影响力很关键。这就是为什么现在很多商家会找明星或者主播合作，就是“先卖人，后卖货”，也是个人品牌这么重要的原因。

所以，在发售产品前，我们一定要围绕自己的定位，写好自己的个人品牌故事。这个故事不仅需要把自己讲清楚，还要把你的定位表达出来，最后还需要呈现你的成果，或者在故事中阐述自己的使命和愿景，引发群友的共鸣和关注。

二、如何快速建立一个 500 人的社群

有人的地方，就有生意。群发售的目的就是快速找到不同社群的基础粉丝，私聊的效率低，你可以提前想好邀约的话术，内容要包含社群价值和赠送给进群的人的福利，一次性群发给 200 人，这样人们进群的概率就会大大提升。每次邀约以 40 个人为一组，愿意进群的人提前打好标签。500 人的社群拉满后，统一打好已进群的群友的标签，后续群发消息时有标签就会省时省力。

三、利用社群影响力

从人们进群的那一刻开始，作为群主，你在群内就有主动权。所以你在群内说的每一句话都很关键，从建群的第一天开始，你要持续地在群里分享产品或抛出话题让大家讨论，不能让群“冷下来”，每天在社群分享至少 10 分钟。

正式开始发售课程之前，你需要提前 1 天在群里预告。在课程正式开始发售之前，提前 10 分钟群发消息提醒群友关注，确保更多人及时关注群信息。课程发售结束后，一定要送福利给群友们，再预告明天的内容，群友们的好奇心会让他们继续关注下一场。

细节决定成败，只要能把每个关键点做到位，借助文案营销的作用，高销量不是问题。

用文字点燃梦想

感恩缘分，感恩遇见，感恩思林老师，让我第一次在知识付费的领域遇见这么好的老师，没有走一点点弯路！有了思林老师的助力，我越走越有信心，我相信我的梦想也一定会一一实现！

我有一个梦想，让美丽的地球更加洁净，水更清、山更绿、天空更蓝、空气更清新，用自己的行动感召更多人拥有环保意识。

我有一个梦想，让更多人远离药物，提升他们预防大于治疗的意识，让更多人拥有健康的生活理念。

我有一个梦想，让更多像我一样平凡普通的小人物，都有机会拥有一份可观的持续收入。

细节决定成败，只要能把每个关键点做到位，借助文案营销的作用，高销量不是问题。

我还有一个梦想，想让更多普通的创业者也能通过文字的力量助力自己的事业，改写命运！

前路漫漫，我还有很多梦想没有实现，但是我坚定地相信插上文字这双翅膀，你和我一定会越飞越高，越飞越远！

期待更多想用文字助力梦想的伙伴们加入，未来让我们一起，用文字改写命运，用文字点燃梦想！

改写

身为世界500强企业高管的我，决定用文案开启“第二青春”

■ 马乡林

文案营销导师

企业管理咨询师

玉探老师嫡传弟子

出生在大山里的我通过刻苦努力的学习考上了大学，终于走出了大山。毕业后，我凭借自己的努力从一名见习技术员成长为世界500强公司的高管。而如今，我又开启了自己的“第二青春”。

为了走出寒冷的大山，我拼命苦读

我出生于内蒙古自治区呼伦贝尔市下的根河市，是中国的冷极村，这里的最低温度达到过－58℃。冬长夏短，春秋相连，无霜期平均为90天，一年有9个月的供暖期。恶劣的自然环境让本地人生活得很艰苦。我在20岁之前都是在这里度过的，也因此养成了吃苦耐劳、坚韧不拔的性格。

要想走出这里，只有考上大学这唯一的出路，为此我从小学习就特别用功，希望有一天能走出大山看看外面的世界。经过10年寒窗苦读，我终于在1983年考入阜新矿业学院（即辽宁工程技术大学），阜新矿业学院被誉为煤炭行业的“黄埔军校”。进入大学后，我积极要求进步，在1985年光荣地成为一名中国共产党党员。学校的领导、老师都评价我是一名品学兼优的三好学生。

从普通的技术员到公司董事长，我经历了什么？

我本来有机会被分配到北京煤炭部工作，但是由于当年的国家政策调整，我被分配到了祖国边疆的扎赉诺尔矿务局（现在是扎赉诺尔煤业有限责任公司，简称扎煤公司）。

我被安排在西山矿南斜井任见习技术员。刚开始工作的时候，我很不适应，这和我理想的工作差距太远了。我当时有段时间很想跳槽，后来看到这个企业非常重视大学生，给我们创造了良好的生活和工作环境，我想在哪儿都是干，那就全力以赴地大干一场吧！于是我沉下心来，在技术员的岗位上一干就是5年。在这5年里，我学会采区设计，指导现场施工，熟悉了煤矿井下各系统的工艺流程，为我今后的事业发展打下了坚实的基础。

我从1992年3月开始任北斜井副井长，一路升迁，从生产技术部副主任到生产副矿长、矿长、公司副总经理、经理、董事长。任何事情的发展都不是一帆风顺的，我升迁之路背后的艰苦付出，你可能想象不到。

2002年5月24日我被任命为铁北矿长，7月15日，铁北矿就淹井了，由于我的经验不足，没有抓住主要问题，导致该矿停产了，这件事给了我沉重的打击。不过我并未因此持续消沉，2003年，扎煤公司在铁北矿试验含水层下综放开采新工艺。这项工艺在全国是首创，我们没有任何可以借鉴的经验，只能在生产实践中摸索。在试验的最艰苦、最艰难的阶段，区队班组都想放弃，但是我认真分析了存在的问题，并考察了相关煤矿，加强与科研院校合作，坚定了所有人的信心。我们完成了试验工作，为扎煤公司综采工艺的推广应用做出了贡献！

公司亏损15亿元，我临危受命，让公司扭亏为盈

我于2015年3月担任扎煤公司总经理，负责公司的全面工作。当时扎煤公司处于最低谷时期，生产的煤卖不出去，人员多，负担

重。当时职工已经有 4 个月的工资没发，全年亏损 15 亿元。在这种困难的情况下，我临危受命，走马上任。

我带领公司进入了漫长的探索阶段：对外我们走出去学习，向上级公司汇报我们遇到的困难，向地方政府说明我们的困境；对内我们进行大刀阔斧的改革，减员分流，引领职工走出去，采用高管降薪等措施，逐年减少亏损。我们抓住了国家去产能政策的好机遇，先后关闭 5 座矿井，核增优质产能 500 万吨，积极争取到集团公司注资的 50 亿元，并解决了银行贷款这一大问题。通过我们公司上下的努力，终于使扎煤公司彻底扭亏为盈，2022 年盈利 12 亿元，扎煤公司走向了高质量发展的快车道。

2021 年，我担任中国华能集团煤业公司的副总经理，认真筹划集团公司煤炭产业板块，带领一班人，把核桃峪煤矿由一个封闭停产煤矿恢复到 2023 年的产量达到 500 万吨的优质矿，利润达到 12 亿元左右。

纵观我的整个职业生涯，非常感谢扎煤公司的各级领导，把我培养成为华能集团的高级管理人才，让我积累了丰富的煤矿生产和集团管理经验。在感恩的同时，我也会发挥余热，将我的经验毫无保留地传给需要的同仁。

身为 500 强企业高管的我，决定用文案开启“第二青春”！

我从 2022 年开始考虑退休以后应该干点什么。我退休后，有更多空闲时间，我要充分利用这段时光去追求自己的兴趣爱好和梦想，我要充实自己，开启精彩的“第二青春”。

我的身体还很好，还有多年的大好时光等待我去开拓、去创新！

我是从最基层的技术员做起的，煤炭企业的每一个岗位我都干过，我积累了 36 年的工作经验。这些宝贵的财富我愿意分享给正在奋斗的你，特别是刚毕业的大学生和刚走向管理岗位的工程技术人员，我可以给你们一些合理的建议和意见，让你们少踩“坑”，少走弯路，让你们更快地迈向成功。

为此，我在线上与线下寻找各种机会，先后报了许多课程，但并没有得到我想要的结果。

后来我在线上通过一位文案老师走进了文案的世界，我意识到文案就像一条可以把我所有知识串起来的线，所以我可以借助文案把我 30 多年积累的成功经验宣传推广出去。

2023 年 2 月，我认识了思林老师，当时她正在招募“思林的财富梦想营”的学员，我毫不犹豫地加入了训练营，开始了文案的深度学习。从思林老师细致入微的讲解中，我对文案的魅力有了进一步的认识。

在这里，我又认识了思林老师的嫡传弟子——玉探老师，于是我报名参加了玉探老师的课程。有了老师的指导，我的文案写作水平进步飞快，从开始的不知道如何下笔，到后来每天轻松写 5 条朋友圈文案。为了进一步深入学习文案营销系统，我从私教课一路升级到私董会。我进入私董会后，玉探老师用各种方法演示文案的神奇魅力。

文案为我打开了一个全新的世界

在私董会，我学习了利他思维、文案思维、客户思维、框架思维等等知识。

这些知识给我的主业助力了很多，尤其在我处理问题时，我用客户思维站在对方的角度来考虑、分析问题，平衡各方面的关系，使工作更加顺畅了。文案营销还培养了我的观察能力和表达能力，使我的观察能力更强、表达更有逻辑性。在工作中，文案思维让我看问题更深刻了，可以直接抓到问题的本质，我汇报工作时也更有逻辑性、系统性。

玉探老师让我学习到了赞美别人的重要性。之前我经常批评别人，自从学习了文案，我有了转变，我变得爱鼓励、赞美我的同事和我周围的朋友，各方面的人际关系都更加和谐。

人生下半场，为自己而活

2023 年 10 月，我正式退休了。我可以自豪地说，我把我的青春年华、我的知识、我的精力全部都献给了煤炭事业，没有什么遗憾。因为我全力以赴，我的事业已经画上了一个圆满的句号。

我正式进入了退休生活，人生的下半场才刚刚开始。我的未来还是一张白纸，等着我去描绘最美最好的画卷。

我要好好地规划一下我人生第二阶段，在接下来的时间里，我应该如何度过？有退休金，也没有养家糊口的压力，我可以做一些自己原来想做而没有做的事情。

（1）**我可以好好读书**。我想读些我原来想读而没有时间读的经典著作，提高自己的修养。利用我学习到的文案知识在朋友圈里为大家做读书分享，让许多没有时间阅读的人也能够有所收获。

（2）**我可以帮助女儿教育下一代，让外孙们茁壮成长**。这样可以帮女儿减轻一些负担，还可以利用文案思维帮助孩子做成长日记等。

（3）**我要好好锻炼身体。**一是不给孩子们添麻烦，二是无论做什么事情，如果没有一个好的身体，一切都是零。我还想把我锻炼身体的经验分享出去，让更多人都能够受益。

（4）**我可以做一个知识类博主。**用我 36 年的管理经验帮助大家解决遇到的问题，尤其将我的失败的经验教训献给大家，让大家能够从中吸取教训。

（5）**我要做一位文案导师，用文案点亮更多人的人生。**好的文案能给我力量，改变、影响我，让我成为更好的自己，它也能改变你、成就你。

我用自己 30 多年的经验总结了几点，希望对你有启发。

（1）**文案营销系统教给你的不仅仅是营销方法，更多的是从家庭、思维等方面引导我们。**

（2）**个人的勤奋与能力是不够的，如果有专业的成功人士给你正确的指导，能让你事半功倍。**

（3）**要想成功就要舍得投资自己！**要么把学费交给老师，要么把学费交给市场！

最后，如果你在工作中有什么问题和困惑，都可以咨询我。我将全力以赴给予解答。

祝正在看这本书的你，前程似锦，美梦成真！

好的文案能给我力量，改变、影响我，让我成为更好的自己，它也能改变你、成就你。